日本核事故应急响应概述

吴晓飞　董芳芳　郭　里　主　编
熊纬佳　靳立强　刘富贵　于浩洋　常　牧　副主编

中国原子能出版社

图书在版编目（CIP）数据

日本核事故应急响应概述 / 吴晓飞，董芳芳，郭里主编. -- 北京 : 中国原子能出版社, 2024. 11.
ISBN 978-7-5221-3726-1

Ⅰ. TL732

中国国家版本馆 CIP 数据核字第 202405E8W6 号

日本核事故应急响应概述

出版发行 中国原子能出版社（北京市海淀区阜成路 43 号　100048）
责任编辑 王　为
装帧设计 邢　锐
责任校对 刘　铭
责任印制 赵　明
印　　刷 北京厚诚则铭印刷科技有限公司
经　　销 全国新华书店
开　　本 710 mm×1000 mm　1/16
印　　张 7
字　　数 106 千字
版　　次 2024 年 11 月第 1 版　2024 年 11 月第 1 次印刷
书　　号 ISBN 978-7-5221-3726-1　　　**定　价** **38.00 元**

发行电话：010-68452845

审委会和编委会名单

审委会

编委会

序

《日本核事故应急响应概述》是日本在组织福核事故调查经验反馈的基础上，吸取国际原子能机构关于《轻水堆严重核事故情况下的公众防护行动准则》（IAEA-EPR—2013）相关要求编制的，在日本具有一定法律效力的指南性文件。该文件体现了日本原子力规制委员会对严重核事故应急响应的最新指导和经验反馈，具有一定的借鉴意义，也可成为国际核事故应急公众防护行动框架和核应急准备工作的样本，从设计上提高安全性。仅此，推荐我国相关组织机构学习借鉴。

罗琦

中国工程院院士

2023 年 11 月 15 日，北京

出版说明

2011年3月11日，日本东北部海域发生9级强震，并引发21米的海啸，导致福岛第一核电厂发生堆芯熔化，放射性物质向周围环境释放，对福岛核电厂周围居民乃至更广范围内的居民都产生了严重影响。发生核事故后，日本宣布启动核事故应急（日本称为“原子力灾害”）响应，组织开展事故处置与公众防护行动，尽管日本政府在尽可能短的时间内宣布启动应急，撤离核电厂周围20公里内的居民，但还是因后果评价系统SPEEDI的错误测算，导致部分居民撤离到了辐射水平较高的地点。通过此次核事故，日本政府深刻吸取经验教训，对其核安全监管机构进行改革，将原核安全委员会职能、核安全·保安院职能、文部省和交通省所掌握的原子力安全监管与核不扩散职能集中一体，通过《原子力规制委员会设置法》成立原子力规制委员会（隶属于环境省）。修改核事故应急顶层法，即《原子力灾害对策特别处置法》（以下简称《原灾法》），规范核事故应急响应期间的决策依据，进一步完善《原灾法》相关章节内容，尤其是对《原灾法》中的第1章第二节的要求进行法制化。为便于本书的阅读和理解，现就日本习惯用语进行以下说明。

1. 关于日本行政机构说明

为方便广大读者阅读理解，特将日本国家行政机构划分情况进行简要说明。日本行政机构由中央行政机构及内阁、地方行政机构组成。

中央行政机构及内阁，由内阁领导下的机构由内阁机构、总理府及其所属机构和16个内阁部门组成，具体是内阁官房、内阁法制局、人事院、内阁府、复兴厅、总务省、法务省、外务省、财务省、文部科学省、厚生劳动省、农林水产省、经济产业省、国土交通省、环境省、防卫省。

地方行政机构采取地方自治形式，统称为地方自治体。日本地方行政机构，有一都（东京都）、一道（北海道）、二府（大阪府、京都府）、43个县。它们的办事机构称为厅，行政首长称为知事。每个都、道、府、县下设若干市、町、村。市的办事机构称役所，町、村的办事机构称役场（公所），行政首长称市长、町长、村长。

2. 关于日本核事故应急相关法律说明

本书中引用很多与核事故应急相关的法律，这些法律与本书的关系解释如下：本书是《原子力灾害对策特别处置法》第 1 章第 2 节内容的扩充，扩充《原灾法》相关章节，并使其法制化也是日本原子力规制委员会成立的主要职责之一。《原灾法》1999 年制定，2023 年 6 月重新修订发布，是日本核防灾领域最高法，与日本《灾害对策基本法》和《核原材料、核燃料以及反应堆监管》及其相关法律相结合，为强化核事故应急相关措施而制定。

3. 关于本书中名词术语的解释

本书中涉及指定行政机关、指定地方行政机关、指定公共机关、指定地方公共机关以及原子力防灾管理者等日本行政组织机构专用名词。这些名词在日本《灾害对策基本法》《内阁府设置法》《国家行政组织法》和《宫内厅法》中有专门的定义。

（1） 指定行政机构

《灾害对策基本法》第 2 条第 3 项规定，是指在以下列举机关中，由内阁总理大臣（日本首相）指定的单位。

a. 内阁府、宫内厅及《内阁府设置法》第 49 条第 1 项及第 2 项所规定的机关（内阁隶属委员会或厅）和《国家行政组织法》第 3 条第 2 项所规定的机关（省、委员会、厅）。

b.《内阁府设置法》第 37 条（宇宙政策委员会）、第 54 条及宫内厅法第 16 条第 1 项和国家行政组织法第 8 条所规定的机关（审议会机构）。

c.《内阁府设置法》第 39 条、第 55 条及宫内厅法第 16 条第 2 项和日本国家行政组织法第 8 条第 2 项所规定的机关（包括试验研究设施、文教设施、作业设施等机关）。

d.《内阁府设置法》第 40 条、第 56 条和日本《国家行政组织法》第 8 条第 3 项所规定的机关（特别机关）。

（2） 指定地方行政机构

指定行政机关的地方支部以及其他地方行政机关中由内阁总理大臣指定的机构。

（3）指定公共机构

在独立行政法人、日本邮政公司、日本银行、日本红十字会、日本广播协会及其他机构，如电力、煤气、运输、通信等从事公益事业的法人中，由内阁总理大臣所指定的机构。

日本独立行政法人，将原本属于国家的行政机关机构转变为独立的法人，减轻国家的负担，增加这些机构的独立自主性。该制度主要实行的领域是国立大学、科研机构等。

（4） 指定地方公共机关

在港湾法第 4 条第 1 项的港务局、土地改良法第 5 条第 1 项土地改良地区及其他公共设施的管理者和在都、道、府、县区域内电力、煤气、运输、通信等从事公益事业的法人中，尤其所在都、道、府、县的知事所指定的单位。

（5） 核事故预防管理人员

根据《原灾法》定义，是指每一个核设施营运单位单独选拔出来的一员，作为核应急组织统筹管理的人员。

（6） 应急计划区

在核电厂发生事故时能及时有效地采取保护公众的防护行动，事先在核电厂周围建立的、制定了应急计划并做好应急准备的区域。

（7） 应急行动水平

用于发现、识别和确定应急状态等级的可观测工况的特定的、预先确定的准则。

（8） 操作干预水平

相应的通用干预水平或者通用行动水平推算得出的值。操作干预水平是可以直接与仪器测量结果或实验室分析结果相比较的量，例如，放射性烟羽中的周围剂量当量率、放射性核素浓度等。

（9）确定性效应

通常情况下存在剂量阈值的一种辐射效应。超过阈值水平，剂量愈高则效应的严重程度愈大。

（10）随机性效应

发生概率与剂量成正比，而严重程度与剂量无关的辐射效应。一般认为，在辐射防护感兴趣的低剂量范围内，这种效应的发生不存在剂量阈值。

（11）应急状态分级

指定的官员对某种应急状态进行分级以便宣布适用的应急等级的过程。

日本根据核设施的情况，将应急状态划分为三级，即警戒状态、场区应急状态和总体应急状态。① 警戒状态是指对居民产生或可能产生的放射性影响没有那么紧迫，但因核设施存在异常事件发生或可能发生的风险，需要做好信息收集和应急监测的准备，并着手启动场区应急状态下需要撤离的人群等预防行动的准备。② 场区应急状态是指由于核设施发生了有可能影响居民的辐射事件，核设施周边需要开始准备应急撤离等预防行动的阶段。③ 总体应急状态是指核设施发生了很可能对居民产生放射性影响的事件，为了避免或降低确定性效应的发生，减少随机性效应的风险，要迅速采取防护行动的阶段。

我国核电厂的应急状态分为应急待命、厂房应急、场区应急和场外应急。① 应急待命：出现可能危及核电厂安全的某些特定工况或事件，表明核电厂安全水平处于不确定或可能有明显降低。② 厂房应急：核电厂的安全水平有实际的或潜在的大幅降低，但事件的后果仅限于厂房或场区的局部区域，不会对场外产生威胁。③ 场区应急：核电厂的工程安全设施可能严重失效，安全水平发生重大降低，事故后果扩大到整个场区，除了场区边界附近，场外放射性照射水平不会超过紧急防护行动干预水平，早期的信息和评价表明场外尚不必采取防护措施。④ 场外应急：发生或可能发生放射性物质的大量释放，事故后果超越场区边界，导致场外的放射性照射水平超过紧急防护行动干预水平，以至于有必要采取场外防护措施。

本书是一本详细总结日本在应对严重核事故方面经验教训的书籍。它为各国在面对类似灾难时的应急准备和响应提供了宝贵的参考。为了使我国相关组织机构能够更好地学习和借鉴这些经验，从设计上提高安全性，核工业标准化研究所牵头联合中国核能电力股份有限公司吴晓飞、中国核电工程有限公司薛娜、清华大学施仲齐以及其他相关单位的专业人员，组建了审委和编委团队，获得了中国核工业集团有限公司科技委主任罗琦院士、国防科工局核应急响应技术支持中心郭里副主任、中国核能电力股份有限公司原副总经理李峰、中国核电工程有限公司毛亚蔚副总经理等领导的支持。团队深入研究和吸收了《日本核事故应急响应指南》中的核心内容，整合了部分章节，按照中国人的阅读习惯进行编排了本书，旨在为我国在核事故应急准备和响应方面提供更为具体和实用的指导。

本书编者知识水平和了解程度有限，书中难免存在疏漏或不当之处，敬请专家赐教和读者指正。

目　录

第 1 章 绪 论

增强针对性和实效性，绿色发展核电。

（1）目的

本书是根据《原子力灾害对策特别处置法》（1999 年法律第 156 号。以下简称《原灾法》）第 6-2 条第 1 项，为了能够使核设施营运单位法人和指定行政机关的首长及指定地方行政机关的首长、地方政府、指定公共机关和指定地方公共机关以及其他人员更好地实施核事故应急响应而制定行动准则。

本书目的是从保护国民生命和人身安全角度出发，核事故应急状态下确保实施的防护行动能够尽可能避免或减少核设施周围居民发生确定性效应，或降低随机性效应的风险。

为达成这一目的，本书遵照以下原则，为核设施营运单位、国家和地方政府制定和实施核事故应急响应相关计划时提供科学、客观的判据，为此对专业技术性事项进行了原则性的规定。

① 始终站在居民的立场制定防灾计划；

② 考虑到灾害的长期性，应建立一个持续稳定的信息报告机制；

③ 积极引进国际原子能机构（IAEA）安全准则的最新理念，制定计划中使用的判断准则修订到适应状态。

（2）定义

本书使用的专业术语是《原灾法》《核原材料、核燃料以及反应堆监管相关法律》（1957 年法律第 166 号，以下简称《规制法》），以及根据《原子力灾害对策特别处置法》原子力防灾管理者应该通报的事项等规则（2012 年文部科学省·经济产业省第 2 号），以下简称《通报准则》）中使用的术语释义。

（3）适用范围

本书适用于《规制法》中涵盖的核设施[①]（只限适用于《原灾法》的核

---

① 《规制法》中涵盖的核设施：冶炼核设施、加工核设施、试验研究堆、发电反应堆、乏燃料贮存设施、后处理设施、废物掩埋设施、废物管理设施。

设施）以及核燃料运输过程中发生的核事故。

（4）制定过程

为了能够使核设施周围预防灾害的行动更加顺利，核安全委员会将与行动相关的专业技术性要素归纳到了《核设施防灾对策》（以下称《旧指南》）中。

2011年3月，东京电力公司福岛第一核电站发生事故，暴露了过去核事故应急响应设定方面很多问题。2012年3月，其核安全委员会核设施应急专业组应急指南研究工作室提出了"《旧指南》修订建议的中期报告"（以下简称"中期报告"）。国会、政府、民间的事故调查委员会的相关报告书中也指出了很多问题，如缺乏从居民角度考虑，针对复合灾害和严重事故的应急响应培训和演练不足，应急情况下信息报告机制不够完善，撤离计划和物资储备预先准备不足，各种响应行动决策不明等，建议针对上述问题进行重新修订。

2012年9月18日，核安全委员会废止，同年9月19日成立了原子力监管委员会及其办事机构原子力监管厅。

通过阅研上述"旧指南"与"中期报告"的条款，综合考虑各事故调查委员会报告，在此基础上制定了本书。

第2章

核事故

正常运行时不会对公众和场内人员造成不良影响且发生事故的概率极小，但防患于未然保安全。

2.1　核事故与核设施营运单位的职责

核事故是指核设施发生的事故，并引起放射性物质异常释放造成损害。《原灾法》中规定，当核设施周围放射性物质释放超出规定水平时，核设施进入核应急状态，需采取应急响应措施。

核设施营运单位是事故原因调查的第一责任人，在核事故应急响应方面承担主要责任。

2.2　放射性物质释放形态和照射途径

为精准实施应急响应，需要了解放射性物质的释放形态和危及公众生命或人身安全的照射途径。

2.2.1　放射性物质的释放

（1）反应堆放射性物质可能的释放形态

反应堆设置了多重实体屏障，当屏障丧失防护性能时，放射性物质就会释放到周围环境中。此时，可能释放到大气中的放射性物质包括惰性气体氪（Kr）和氙（Xe），挥发性碘、悬浮颗粒（以下称为“气溶胶”）等。这些含气态和颗粒的物质形成烟羽，随着扩散距离的增加放射性物质的浓度逐渐下降，下风向的影响范围会有所增大。特别是在降雨、降雪的情况下，很有可能在地表沉积并停留较长时间。尤其是，当放射性物质附着在土壤、瓦砾和冷却水的情况下，要特别注意它们的再悬浮和析出等问题。

事实上，2011 年 3 月发生的东京电力股份有限公司福岛第一核电站核事故，安全壳完整性丧失，堆芯熔化产生的氢气发生爆炸破坏了反应堆厂房，大量含铯的放射性物质释放到环境中，含大量含放射性物质的堆芯冷却水流入海洋。因此，事故造成的释放形态不一定是单一的，需要充分考虑复合的释放形态。

（2）核燃料设施中放射性物质可能的释放形态

① 火灾、爆炸等引发的放射性物质的释放

核燃料循环设施，因火灾、爆炸和泄漏导致铀和钚等以气溶胶形态的释放。这些放射性物质以上述（1）中所述的烟羽形式释放和扩散。当通过过滤器排放时，可认为是气态释放。如果因爆炸等原因没有通过过滤器，则大颗粒的放射性物质就会增多。

② 临界事故引发的放射性物质的释放

临界事故时，可能释放由核裂变反应产生的裂变产物，并伴有中子和 γ 射线。在屏蔽效果非常好的场所，可以忽略直接照射的影响。在屏蔽效果不好的情况下，必须进行中子和 γ 射线的防护。在防护行动上，要考虑中子和 γ 射线直接照射剂量随距离的平方成反比。

2.2.2 照射途径

照射途径大体上分为“外照射”和“内照射”两类。这两种途径可能会同时发生，所以在核事故应急响应时两种照射途径的影响都要适当地考虑。

（1）外照射

外照射：受到来自体外放射源的照射。

（2）内照射

内照射：吸入或食入放射性物质，使身体受到来自体内放射源的照射。

2.3 核事故的特殊性

核事故会产生放射性物质的释放等特殊情景。因此，在事故应急响应期间，应掌握核事故的以下特性：

（1）发生核事故后因受照和污染导致恢复重建作业极为困难，因此防止核事故的发生和扩大尤为重要；

（2）通过探测器可以探测到放射性物质，但人的感官不能立刻感受到；

（3）平时就要掌握关于电离辐射的基础知识；

（4）发挥核相关专业机构的作用，其指导和建议非常重要；

（5）受照之后可能经过一段时间才能表现出某些临床症状，所以应从事故发生开始持续关注居民的健康。

在核事故应急响应期间，实施通信联络、居民隐蔽、撤离，受灾人员的生活支援等方面的活动，是与一般灾害支援活动有着共性和相似性，利用这些措施会更加高效和有效。因此，考虑到上述特性，核事故应急响应不能完全独立于一般灾害的应急响应，而是要与一般灾害应急响应相互协同。

2.4　辐射防护原则

核事故情况下，最重要的是根据核事故特性，对居民采取辐射防护行动。防护行动的主要依据是参照国际放射防护委员会（ICRP）等的建议，特别是 ICRP109、ICRP111 号出版物和 IAEA GSR part 7 等，使居民受到的辐射照射控制在可合理达到尽可能低的水平，也要考虑降低非放射性导致的对居民的健康影响。

第 3 章

核事故应急准备

常备不懈，积极兼容。

3.1　核事故应急准备的基本原则

为了防止核设施发生核事故，根据《规制法》《原灾法》等法规，需要采取预防措施。即使采取了预防措施，也未能防止核事故发生的情况下，核设施营运单位、国家、地方政府应根据事态进展，分不同阶段采取适当的方法进行缓解，以降低对居民健康、生活基础设施以及环境的影响，并采取各种防护行动使受灾区域尽快恢复到正常的社会、经济活动中。

为了使这些行动能够根据事态的不同发展阶段而有效地发挥作用，日常就必须做好充分的准备，制定合适的应急计划，并通过演习演练等方式做好充分的应急准备。

3.2　应急状态下实施防护行动的基本原则

3.2.1　应急状态阶段

进入应急状态时，根据事态进展，相关人员要在统一认知的基础上进行决策。应急状态的响应阶段可分为准备阶段、早期响应阶段、中期响应阶段、恢复阶段，针对各响应阶段具体内容应进行详细研究。

（1）准备阶段，核设施营运单位、国家、地方政府分别制订各自的行动计划，并对相关人员进行培训，通过演练进行检验、评估和修订。

（2）早期响应阶段，在信息受限的情况下，为了避免或减小确定性效应的影响、降低随机性效应发生的风险，应迅速采取防护行动。

（3）中期响应阶段，要求妥善处理放射性物质的影响，需要通过环境监测和辐射状况分析，变更或解除早期响应阶段的防护行动，并研讨长期防护行动具体内容。

（4）恢复阶段，对于可以转入恢复阶段的受灾地区，根据长期恢复计划，需要向恢复正常的社会、经济活动提供支援。

3.2.2 早期响应阶段防护行动基本原则

针对早期响应阶段，需要汲取福岛第一核电站事故的教训，在放射性物质开始释放前，应根据具体情况采取必要的防护行动。为此，依据 IAEA 确定防护行动框架，应对早期响应阶段，根据下文所述设施应急状态划分实施预防性防护行动，建立能够根据可观测指标快速实施应急防护行动的决策框架。

3.2.2.1 应急状态划分及应急行动水平（EAL）

（1）基本原则

早期响应阶段，通过信息收集掌握事故状态，根据核设施的状态以及与核设施的距离，需要适当做好防护行动以及实施防护行动的准备。为实现这种响应，根据核设施的情况，将应急状态划分为三级，即警戒状态、场区应急状态和总体应急状态，并明确核设施营运单位、国家和地方政府在各级应急状态下的主要职责。应急状态划分和主要防护行动的框架见表 3-1～表 3-3 的前（1/2）部分。总体应急状态下的响应流程见图 3-1。要注意的是，事态的进展并不完全是按照应急状态划分顺序发生的，要注意的是，随着事态的进展，进入总体应急状态可能瞬间发生。

① 警戒状态

警戒状态是指对居民产生或可能产生的放射性影响没有那么紧迫，但因核设施存在异常事件发生或可能发生的风险，需要做好信息收集和应急监测的准备（存在放射性物质异常释放的风险时进行的环境辐射监测叫应急监测，下同。），着手启动场区应急状态下需要撤离的人群*等预防行动的准备。

该阶段，核设施营运单位应立即向国家报告警戒状态对应的征兆事件和设施状态。核设施营运单位必须做好过程的衔接。国家根据核设施营运单位提供的信息对警戒状态进行确认，并立刻向地方政府和居民提供信息。国家和地方政府在核设施附近的预防行动区（PAZ）内（见本书第 3.3.2.1 节），要针对执行起来需要较长时间的防护行动提前要做好准备。

② 场区应急状态

场区应急状态是指由于核设施发生了有可能影响居民的辐射事件，核设施周边需要开始准备应急撤离等预防行动的阶段。

该阶段核设施营运单位应立即向国家和地方政府报告场区应急状态对应的征兆事件和设施状态。核设施营运单位为了防止核事故发生或扩大，需要采取一系列应急处置措施，并简要报告。国家要对场区应急状态进行确认，并立即向地方政府和居民提供信息。国家、地方政府以及核设施营运单位，通过应急监测来掌握事态进展，强化信息收集，针对 PAZ 内所有居民做好撤离等预防行动的准备，对于场区应急状态下需要撤离的人群采取撤离等预防行动的实施。

③ 总体应急状态

总体应急状态是指核设施发生了很可能对居民产生放射性影响的事件，为了避免或降低确定性效应的发生，减少随机性效应的风险，要迅速采取防护行动的阶段。

该阶段，核设施营运单位应立即向国家和地方政府报告总体应急状态对应的征兆事件和设施状态。核设施营运单位为防止核事故发生和扩大而

---

* “场区应急状态下需要撤离的人群”是指 PAZ 内的居民，作为在场区应急状态下需要采取撤离等预防行动群体，具体包括以下三类人群：

a. 需要照顾的人群（《灾害对策基本法》（1961 年法律第 223 号）第 8 条第 2 项第 15 号中规定的需要照顾的人群）（除符合文中②和③之外人群）中，需要花费长时间撤离的人群；

b. 需要与孕妇、哺乳期妇女、婴幼儿共同撤离的人群；

c. 根据医嘱不能服用稳定碘剂的人群。

采取的一系列应对措施需报送国家和地方政府。国家要对总体应急状态进行确认，并立即向地方政府和居民提供信息。国家和地方政府在 PAZ 内，对全部居民采取撤离等预防行动。同时在紧急防护行动计划区（UPZ）（本书中第 3.3.2.1 节内描述的 UPZ）内采取室内隐蔽措施，随着事态的规模变化、时间的推移，采取与 PAZ 内相同的撤离等预防行动。

（2）具体的准则

需要制定应急行动水平（Emergency Action Level，EAL）是基于核设施纵深防御各层屏障的状态、放射性物质包容功能状态和外部事件发生等的核设施状况制定的，EAL 是核设施营运单位判断设施是否处于这些应急状态的划分依据。关于 EAL 制定，原子力监管委员会根据核设施的特性以及所在地区具体情况给出了 EAL 制定框架（见表 3-4）。EAL 的应用见第 3.2.2.1（3），供核设施营运单位参考使用。

（3）EAL 的应用

核设施营运单位根据 EAL 的具体的准则进行 EAL 的制定，其内容直接反映在核设施营运单位核事故应急计划中，并向原子力监管委员会申报。核设施营运单位根据各核设施设备状况的变化对EAL进行修订，根据需要，反映到核设施营运单位核事故应急计划中。原子力监管委员会根据具体情况可责令编制或修订核设施营运单位的核事故应急计划。

3.2.2.2 操作干预水平（OIL）

（1）基本原则

进入总体应急后，从避免居民受照的角度出发，根据 3.2.2.1 节描述，通过对核设施状况的判断，迅速采取撤离等预防行动是非常重要的。但是当放射性物质释放后，随着扩散大范围内也可能会出现热点。为此，国家、地方政府以及核设施营运单位会迅速开展应急监测，将监测结果与实施防护行动的判断准则进行对比，判断出必要的防护行动并能够实施。这种响应流程在图 3-1 以及表 3-1～表 3-3 的（2/2）部分中进行了归纳。

放射性物质释放后，对于持续测出空间辐射剂量率较高的区域，从尽量减少地面照射影响角度出发，应当在数小时至 1 天内对居民采取撤离等紧急防护行动。与其对应，测出空间辐射剂量率较低的区域，从避免不必要的照射角度出发，应当在 1 周之内完成临时避迁等早期防护行动。采取上述防护行动时，要服从国家指示，对采取撤离或临时避迁的居民，要通过检查确认是否处于去污标准以下（以下简称“撤离清退检查”），根据检查结果进行去污（含简易方式的去污剂，以下简称简易去污），同时对需要进行甲状腺剂量预测人员（本书中第 4.5.6（1）中规定人员）进行甲状腺监测。尤其是为了避免通过口鼻摄入产生的内照射，临时避迁的地区必须采取当地产物的食入限制。根据数日的空间辐射剂量率监测结果，划定需要开展食品监测的区域，然后开始在该区域内对饮用水和食品中的放射性核素的浓度进行监测，根据测定的浓度确定是否继续采取食物食入限制等措施。

对于核燃料循环设施，由于事故特性主要是释放 α 核素，根据空间辐射剂量率对饮用水和食品中的放射性物质浓度进行测定来确定食入限制范围非常困难。因此，UPZ 内全范围进行饮用水和食品中的放射性物质浓度测量，根据测量结果持续采取饮用水和食品限制措施。

（2）具体的准则和防护行动

作为防护行动实施的具体准则，采用可测量的空间辐射剂量率和环境样品中的放射性物质浓度来设定操作干预水平（以下简称 OIL）。国家和地方政府要根据应急监测结果与 OIL 的对比制定防护行动，须提前做好确定防护行动实施范围的具体程序。

各种防护行动所对应的 OIL 缺省值见表 3-5。该表中根据东京电力公司福岛第一核电站核事故期间实施的防护措施以及经验教训，从是否适合作为有效防护措施的判断准则等观点出发，将其设定为暂时可以使用的值。

（3）后续的研究方向

IAEA 认为，如果紧急情况的特性与 OIL 初始设定值条件不同时，则改变当前的初始设定值，因此，OIL 初始设定值修订，及基于放射线以外对人体影响的综合判断的 OIL 设定方式还将继续讨论。此外，后续会根据

IAEA 等对防护行动框架的审查情况进行必要的修改。

3.2.2.3 需注意的事项

在这种防护行动框架下，核设施营运单位、国家以及地方政府应履行好在应急状态下各自的职责。因此，核设施营运单位、国家和地方政府必须把信息报告、防护行动的准备等相关内容预先写入核设施营运单位的核事故应急计划、国家的《防灾基本计划》和《核灾害对策说明书》及地方的《地方防灾计划》（原子力灾害对策篇）中。需要注意的是，表 3-1～表 3-3 和图 3-1 中描述的内容并未涵盖所有措施，在实际应用时，可根据核设施的特性进行必要的修改。

3.3 核事故应急计划区

3.3.1 核事故应急计划区的设置

发生核事故时，放射性物质或放射线的异常释放对周围环境的影响程度和时长，会因事故的状态、设施的特性、气象条件、周围环境、居民的居住状况而不同，因此需根据发生的情况灵活应对。为了在短时间内对居民实施有效的防护行动，需要在预先假定的异常工况下，并根据设施的特性等确定可能受到影响的区域（核事故应急计划区），重点做好核事故特有的响应措施的准备。

核事故应急计划区在常态下进行的准备包括，向居民通告响应措施、确保快速通信手段、通报室内隐蔽、撤离方法以及医疗机构的场所信息、明确撤离路线以及安置场所，建立应急监测机制准备，开发核事故特有的应急物资器材，确保应急交通工具。此外，在该区域内，有必要根据与核设施的不同距离做好重点措施准备。

表 3-1 核设施营运单位、国家和地方政府预计将采取的措施（1/2）

［发电用反应堆（除非 3.3.2.1 另有说明）］

		PAZ（约 5 km）				UPZ（约 30 km）				UPZ 以外（约大于 30 km）			
		组织整备	信息提供	辐射监测	防护行动	组织整备	信息提供	辐射监测	防护行动	组织整备	信息提供	辐射监测	防护行动
警戒状态	核设施营运单位	集合人员；构建信息收集、联络机制	向国家报告	厂区边界辐射监测									
	地方政府	集合人员；建立信息收集、联络机制	向居民传递信息	做好应急时的辐射监测准备	【撤离】做好场区应急状态下要撤离人群的撤离准备(保障安置地点和运输工具等)	集合人员；建立信息收集和联络机制		做好应急辐射监测准备		集合人员；建立信息收集和联络机制			【撤离】做好场区应急状态下要撤离的人群撤离准备(保障安置地点和运输工具等)
	国家	集合人员；做好派驻现场准备；建立信息收集、联络机制	向地方政府提供信息；通过媒体发布信息	监测数据收集与分析；做好应急监测准备	【撤离】指示地方政府下达“做好场区应急状态下要撤离人群的撤离准备(保障安置地点和运输工具的保障等)”的指令	要求加入地方政府	通过媒体发布信息	监测数据收集与分析；做好应急监测准备		要求加入地方政府	通过媒体发布信息	为应急时的监测准备做好协调	【撤离】要求地方政府配合做好场区应急状态下要撤离的人群撤离准备(保障安置地点和运输工具等)

续表

		PAZ（约 5 km）				UPZ（约 30 km）				UPZ 以外（约大于 30 km）			
		组织整备	信息提供	辐射监测	防护行动	组织整备	信息提供	辐射监测	防护行动	组织整备	信息提供	辐射监测	防护行动
场区应急（根据《原灾法》第 10 条应进行通报的准则，但除了总体应急状态以外的事故）	核设施营运单位	增补集合人员	向国家和地方政府报告	厂区边界监测			向公共机构进行报告					做好应急监测准备支援	
	地方政府	增补集合人员； 向国家和其他公共机构请求支援	向居民提供信息； 提醒居民注意信息动态	实施应急监测	【撤离】 实施场区应急状态下要撤离的人群的撤离； 做好撤离准备(保障安置地点、运输工具等) 【稳定碘剂】稳定碘剂的服用准备(含分发)	集合人员； 建立信息收集、联络机制	向居民提供信息； 提醒居民注意信息动态	实施应急监测	【隐蔽】 做好室内隐蔽的准备	集合人员； 建立信息收集、联络机制	向居民提供信息； 提醒居民注意信息动态		【撤离】 接受撤离的特殊人群； 协助做好撤离准备(保障安置地点、运输工具等)

续表

		PAZ（约 5 km）				UPZ（约 30 km）				UPZ 以外（约大于 30 km）			
		组织整备	信息提供	辐射监测	防护行动	组织整备	信息提供	辐射监测	防护行动	组织整备	信息提供	辐射监测	防护行动
场区应急（根据《原灾法》第 10 条应进行通报的准则，但除了总体应急状态以外的事故）	国家	增补集合人员；派遣到现场；增补派遣到现场	向地方政府提供信息；通过媒体发布信息	实施应急监测和支援；下达应急监测指令；收集分析监测数据	【撤离】向地方政府下达实施场区应急状态下要撤离人群撤离的指令；下达撤离保障（保障安置地点和运输工具等）；【稳定碘剂】下达稳定碘剂的服用准备指令（含分发）		向地方政府提供信息；通过媒体发布信息	实施应急监测与支援；下达应急监测指令；收集分析监测数据	【隐蔽】指令地方政府做好室内隐蔽准备	请求集合到地方政府	向地方政府提供信息；通过媒体发布信息	收集分析监测数据；做好应急监测准备与支援	【撤离】向地方政府发出接受撤离的特殊人群的申请；向地方政府发出协助做好撤离（保障安置地点、运输工具等）
总体应急	核设施营运单位	增补集合人员	向国家和地方政府报告	厂区边界的监测			向地方政府报告信息						

续表

		PAZ（约 5 km）				UPZ（约 30 km）				UPZ 以外（约大于 30 km）			
		组织整备	信息提供	辐射监测	防护行动	组织整备	信息提供	辐射监测	防护行动	组织整备	信息提供	辐射监测	防护行动
总体应急	地方政府	增补集合人员	向居民提供信息	实施应急监测	【撤离】 实施撤离。 【稳定碘剂】 下达服用稳定碘剂的指令（含分发）	请求国家和地方政府的支援	向居民提供信息	实施应急监测	【隐蔽】 实施隐蔽。 【稳定碘剂】 做好服用稳定碘剂的准备（含分发）。 【基于防护行动的实施准则防护行动的应对】 做好撤离，避迁、撤离范围缩减核实以及简易去污准备（保障撤离安置和临时避迁地点、运输工具、应有的核查以及简易的去污场所）	集合人员；建立信息收集，联络机制	向居民提供信息		【撤离】 接受撤离。 【基于防护行动的实施准则防护行动的应对】 协助做好撤离，避迁、撤离范围缩减核实以及简易去污准备（保障撤离安置和临时避迁地点、运输工具、应有的核查以及简易的去污场所）

续表

		PAZ（约 5 km）				UPZ（约 30 km）				UPZ 以外（约大于 30 km）			
		组织整备	信息提供	辐射监测	防护行动	组织整备	信息提供	辐射监测	防护行动	组织整备	信息提供	辐射监测	防护行动
总体应急	国家	增补集合人员； 增补人员派遣现场	向地方政府提供信息； 通过媒体发布信息	实施应急监测与支援； 下达应急监测指令；收集分析监测数据	【撤离】 指令地方政府实施撤离(含行动不便人员的临时隐蔽)。 【稳定碘剂】 指令地方政府实施服用稳定碘剂(含分发)	做好增补派遣到现场的准备	向地方政府提供信息； 通过媒体发布信息	实施应急监测与支援； 下达应急监测指令；收集分析监测数据	【隐蔽】 指令地方政府实施隐蔽措施。 【稳定碘剂】 指令地方政府做好服用稳定碘剂的准备(含分发)。 【基于防护行动的实施准则防护行动的应对】 指令地方政府做好撤离，避迁、撤离范围缩减核实以及简易的去污准备（保障撤离安置和临时避迁地点、运输工具、应有的核查以及简易的去污场所）	请求集合到地方政府	向地方政府提供信息； 通过媒体发布信息	实施应急监测与支援； 收集分析监测数据	【撤离】 请求地方政府接受撤离隐蔽人员。 【基于防护行动的实施准则防护行动的应对】 请求地方政府协助做好撤离，避迁、撤离范围缩减核实以及简易去污准备(保障撤离安置和临时避迁地点、运输工具、应有的核查以及简易的去污场所）

表 3-1　核设施营运单位、国家和地方政府预计将采取的措施（2/2）

［发电用反应堆（除非第 3.3.2.1 另有说明）］

			PAZ（约 5 km）外 UPZ（约 30 km）内				UPZ 以外（约大于 30 km）				
			组织整备	信息提供	环境监测	防护行动	组织整备	信息提供	环境监测	防护行动	
OIL	OIL1	核设施营运单位		向国家和地方政府进行报告							
		地方政府		向居民提供信息	实施监测	【撤离】实施撤离				【撤离】（近）实施撤离	【撤离】（远）受理撤离
		国家		向地方政府提供信息；通过媒体发布信息	收集和分析监测数据；实施应急监测与支援	【撤离】确定撤离范围；指令地方政府实施撤离（含行动不便人员的隐蔽）		向地方政府提供信息；通过媒体发布信息		【撤离】确定撤离范围；（近）指令地方政府实施撤离	【撤离】（远）向地方政府申请受理撤离
	饮食相关的监测准则	核设施营运单位		报告国家和地方政府					实施应急监测与支援		
		地方政府		向居民提供信息	实施监测	【饮食控制】个别种类放射性物质浓度检测		向居民提供信息			

续表

			PAZ（约 5 km）外 UPZ（约 30 km）内				UPZ 以外（约大于 30 km）			
			组织整备	信息提供	环境监测	防护行动	组织整备	信息提供	环境监测	防护行动
OIL	饮食相关的监测准则	国家		向地方政府提供信息； 通过媒体发布信息	收集和分析监测数据； 实施应急监测与支援	【饮食控制】 确定应该进行放射性物质浓度监测的范围； 指令地方政府进行个别种类放射性物质浓度监测		向地方政府提供信息； 通过媒体发布信息	收集和分析监测数据； 实施应急监测与支援	【饮食控制】 确定应该进行放射性物质浓度测量的范围； 指令地方政府进行个别种类放射性物质浓度监测
	OIL4	核设施营运单位		报告国家和地方政府		【撤离范围缩减检查以及简易去污】 配合撤离范围缩减检查以及简易去污				【撤离范围缩减检查以及简易去污】 配合撤离范围缩减检查以及简易去污
		地方政府		向居民提供信息		【撤离范围缩减检查以及简易去污】 实施撤离范围缩减检查以及简易去污		向居民提供信息		【撤离范围缩减检查以及简易去污】 配合撤离范围缩减检查以及简易去污
		国家		向地方政府提供信息； 通过媒体发布信息		【撤离范围缩减检查以及简易去污】 下达撤离范围缩减检查以及简易去污指令		向地方政府提供信息； 通过媒体发布信息		【撤离范围缩减检查以及简易去污】 下达撤离范围缩减检查以及简易去污指令

续表

			PAZ（约 5 km）外 UPZ（约 30 km）内				UPZ 以外（约大于 30 km）				
			组织整备	信息提供	环境监测	防护行动	组织整备	信息提供	环境监测	防护行动	
OIL	OIL2	核设施营运单位		报告国家和地方政府					实施应急监测与支援		
		地方政府		向居民提供信息	实施应急监测	【避迁】实施避迁行动		向居民提供信息		【避迁】（近）实施避迁	【避迁】（远）接受避迁行动
		国家		向地方政府提供信息；通过媒体发布信息	收集和分析监测数据；实施应急监测与支援	【避迁】确定避迁范围；指令地方政府实施避迁行动		向地方政府提供信息；通过媒体发布信息	收集分析监测数据；实施应急监测与支援	【避迁】确定避迁范围；（近）指令地方政府实施避迁	【避迁】（远）申请地方政府接受避迁行动
	OIL6	核设施营运单位									
		地方政府		向居民提供信息	实施个别物品中的放射性物质的检测	【饮食摄入控制】实施食物和饮用水摄入限制		向居民提供信息	检测个别物品中的放射性物质	【饮食摄入控制】实施食物和饮用水摄入限制	
		国家		向地方政府提供信息；通过媒体发布信息	收集分析个别物品的放射性物质浓度测量结果；检测个别物品的放射性物质浓度	【饮食摄入控制】确定摄入受限的品种目录；指令地方政府实施摄入受限品种政策		向地方政府提供信息；通过媒体发布信息	收集分析个别物品的放射性物质浓度测量结果；检测个别物品的放射性物质浓度	【饮食摄入控制】确定摄入受限的品种目录；指令地方政府实施摄入受限品种政策	

表 3-2　核设施营运单位、国家和地方政府预计将采取的措施（1/2）

［本表适用于试验堆、研究堆、核燃料加工设施以及后处理设施（需要设立核事故应急计划区的）以及发电用反应堆（除非第 3.3.2.1 另有说明）］

			UPZ（约 30 km）内				UPZ 以外（约大于 30 km） 仅限于判断有必要进行防护行动以及配合的区域			
			组织整备	信息提供	环境监测	防护行动	组织整备	信息提供	环境监测	防护行动
EAL	警戒状态	核设施营运单位	集合人员； 建立信息收集和联络机制	向国家报告	开展厂区边界的应急监测					
		地方政府	集合人员； 建立信息收集和联络机制	向居民传播信息	做好应急时的监测准备		集合人员； 建立信息收集和联络机制			
		国家	集合人员； 要求加入地方政府	向地方公告团体报告信息； 通过媒体发布信息	辐射监测数据收集与分析； 做好应急监测准备		要求加入地方政府	通过媒体发布信息	为应急监测准备做好协调	
	场区应急状态（根据《原灾法》第 10 条应进行通报的准则，但除了总体应急状态以外的事故）	核设施营运单位	增补集合人员	向国家和地方政府进行通报	开展厂区边界的应急监测				做好应急监测准备以及支援	
		地方政府	增补集合人员； 向国家和地方政府请求支援	向居民提供信息； 提醒居民注意信息动态	实施应急监测	【隐蔽】 做好室内隐蔽的准备	集合人员； 建立信息收集，联络机制	向居民提供信息； 提醒居民注意信息动态		
		国家	增补集合人员； 派驻现场； 增补派驻现场人员	向地方政府提供信息； 通过媒体发布信息	实施应急监测与支援； 下达应急监测指令； 收集分析监测数据	【隐蔽】 指令地方政府做好室内隐蔽准备	请求集合到地方政府	向地方政府提供信息； 通过媒体发布信息	收集分析监测数据； 做好监测的准备以及支援	

续表

			UPZ（约 30 km）内				UPZ 以外（约大于 30 km） 仅限于判断有必要进行防护行动以及配合的区域			
			组织整备	信息提供	环境监测	防护行动	组织整备	信息提供	环境监测	防护行动
EAL	总体应急状态（根据《原灾法》第 15 条的基准需要宣布应急状态的事件）	核设施营运单位	增补集合人员	向地方政府报告信息					支援和实施应急监测	
		地方政府	增补集合人员	向居民提供信息	实施应急监测	【隐蔽】 实施隐蔽； 【稳定碘剂】 做好服用稳定碘剂的准备（含分发）。 【基于防护行动的实施准则防护行动的应对】 做好撤离，避迁、撤离范围缩减核实以及简易的去污等的准备（保障撤离安置和临时避迁地点、运输工具、应有的核查以及简易的去污场所）	集合人员； 建立信息收集、联络机制	向居民提供信息		【基于防护行动的实施准则防护行动的应对】 协助做好撤离，避迁、撤离范围缩减核实以及简易的去污准备（保障撤离安置和临时避迁地点、运输工具、应有的核查以及简易的去污场所）

续表

			UPZ（约 30 km）内				UPZ 以外（约大于 30 km） 仅限于判断有必要进行防护行动以及配合的区域			
			组织整备	信息提供	环境监测	防护行动	组织整备	信息提供	环境监测	防护行动
EAL	总体应急状态（根据《原灾法》第 15 条的基准需要宣布应急状态的事件）	国家	增补主要集合人员； 实施增补派遣到现场人员	向地方政府提供信息； 通过媒体发布信息	实施应急监测与支援； 下达应急监测指令； 收集分析监测数据	【隐蔽】 下令地方政府实施隐蔽措施。 【稳定碘剂】 下令地方团体做好服用稳定碘剂的准备（含分发）。 【基于防护行动的实施准则防护行动的应对】 下令地方政府做好撤离，避迁、撤离范围缩减核实以及简易去污准备（保障撤离安置和临时避迁地点、运输工具、应有的核查以及简易的去污场所）	请求集合到地方政府	向地方政府提供信息； 通过媒体发布信息	实施应急监测与支援； 收集分析监测数据	【基于防护行动的实施准则防护行动的应对】 请求地方政府协助做好撤离，避迁、撤离范围缩减核实以及简易的去污准备（保障撤离安置和临时避迁地点、运输工具、应有的核查以及简易的去污场所）

表 3-2　核设施营运单位、国家和地方政府预计将采取的措施（2/2）

［本表适用于试验堆、研究堆、核燃料加工设施以及后处理设施（需要设立核事故应急计划区的）以及发电用反应堆（除非第 3.3.2.1 另有说明）］

			UPZ（约 30 km）内				UPZ 以外（约大于 30 km） 仅限于判断有必要进行防护行动以及配合的区域				
			组织整备	信息提供	环境监测	防护行动	组织整备	信息提供	环境监测	防护行动	
OIL	OIL1	核设施营运单位		向国家和地方政府报告							
		地方政府		向居民提供信息	实施监测	【撤离】 实施撤离				【撤离】 （近）实施撤离	【撤离】 （远）受理撤离
		国家		向地方政府提供信息； 通过媒体发布信息	收集和分析监测数据； 实施应急监测与支援	【撤离】 确定撤离范围； 指令地方政府实施撤离（含行动不便人员的隐蔽）		向地方政府提供信息； 通过媒体发布信息		【撤离】 确定撤离范围； （近）指令地方政府实施撤离	【撤离】 （远）向地方政府申请受理撤离
	饮食相关的监测准则	核设施营运单位		报告国家和地方政府					实施应急监测与支援		
		地方政府		向居民提供信息	实施监测	【饮食控制】 检测个别物品放射性物质浓度		向居民提供信息			

续表

			UPZ（约 30 km）内				UPZ 以外（约大于 30 km）仅限于判断有必要进行防护行动以及配合的区域			
			组织整备	信息提供	环境监测	防护行动	组织整备	信息提供	环境监测	防护行动
OIL	饮食相关的监测准则	国家		向地方政府提供信息；通过媒体发布信息	收集和分析监测数据；实施应急监测与支援	【饮食控制】确定应该进行放射性物质浓度监测的范围；指令地方政府进行个别种类放射性物质浓度监测		向地方政府提供信息；通过媒体发布信息	收集和分析监测数据；实施应急监测与支援	【饮食控制】确定应该进行放射性物质浓度测量的范围；指令地方政府进行个别种类放射性物质浓度监测
	OIL4	核设施营运单位		报告国家和地方政府		【撤离范围缩减检查以及简易去污】配合撤离范围缩减检查以及简易去污				【撤离范围缩减检查以及简易去污】配合撤离范围缩减检查以及简易去污
		地方政府		向居民提供信息		【撤离范围缩减检查以及简易去污】实施撤离范围缩减检查以及简易去污		向居民提供信息		【撤离范围缩减检查以及简易去污】配合撤离范围缩减检查以及简易去污

续表

			UPZ（约 30 km）内				UPZ 以外（约大于 30 km） 仅限于判断有必要进行防护行动以及配合的区域			
			组织整备	信息提供	环境监测	防护行动	组织整备	信息提供	环境监测	防护行动
OIL	OIL4	国家		向地方政府提供信息； 通过媒体发布信息		【撤离范围缩减检查以及简易去污】 下达撤离范围缩减检查以及简易去污指令		向地方政府提供信息； 通过媒体发布信息		【撤离范围缩减检查以及简易去污】 下达撤离范围缩减检查以及简易去污指令
	OIL2	核设施营运单位		报告国家和地方政府					实施应急监测与支援	
		地方政府		向居民提供信息	实施应急监测	【避迁】 实施避迁行动		向居民提供信息		【避迁】 （近）实施避迁 【避迁】 （远）接受避迁行动
		国家		向地方政府提供信息； 通过媒体发布信息	收集和分析监测数据； 实施应急监测与支援	【避迁】 确定避迁范围； 指令地方政府实施避迁行动		向地方政府提供信息； 通过媒体发布信息	收集分析监测数据； 实施应急监测与支援	【避迁】 确定避迁范围； （近）指令地方政府实施避迁 【避迁】 （远）申请地方政府接受避迁行动

续表

			UPZ（约 30 km）内				UPZ 以外（约大于 30 km） 仅限于判断有必要进行防护行动以及配合的区域			
			组织整备	信息提供	环境监测	防护行动	组织整备	信息提供	环境监测	防护行动
OIL	OIL6	核设施营运单位								
		地方政府		向居民提供信息	实施个别物品中的放射性物质的检测	【饮食摄入控制】实施食物和饮用水摄入限制		向居民提供信息	实施个别物品中的放射性物质的检测	【饮食摄入控制】实施食物和饮用水摄入限制
		国家		向地方政府提供信息；通过媒体发布信息	收集分析个别物品的放射性物质浓度测量结果；测量个别物品的放射性物质浓度	【饮食摄入控制】确定摄入受限的品种目录；指令地方政府实施摄入受限品种政策		向地方政府提供信息；通过媒体发布信息	收集分析个别物品的放射性物质浓度测量结果；测量个别物品的放射性物质浓度	【饮食摄入控制】确定摄入受限的品种目录；指令地方政府实施摄入受限品种政策

表 3-3　核设施营运单位、国家和地方政府预计将采取的措施（1/2）

［适用于其他核设施（不设核事故应急计划区的）］

			核设施所在的省份的地方政府等 （应对核设施周围近距离地点） 根据当地的地方实情涵盖一些周边的市、町、村			
			组织整备	信息提供	环境监测	防护行动
EAL	警戒状态	核设施营运单位	集合人员； 建立信息收集和联络机制	向国家报告	开展厂区边界的应急监测	
		地方政府	集合人员； 建立信息收集和联络机制	向居民传递信息	做好应急监测准备	
		国家	集合人员； 要求加入地方政府； 做好派驻现场的准备	向地方政府报告信息； 通过媒体发布信息	辐射监测数据收集与分析； 做好应急监测准备	
	场区应急状态（根据《原灾法》第 10 条准则应进行报告，但除了总体应急状态以外的事故）	核设施营运单位	增补集合人员	向国家和地方政府报告	开展厂区边界的应急监测 做好应急监测的准备与支援	
		地方政府	增补集合人员； 向国家和地方其他团体请求支援	向居民提供信息； 提醒居民注意信息动态	实施应急监测	
		国家	增补集合人员； 派驻现场； 增补派驻现场人员	向地方政府提供信息； 通过媒体发布信息	实施应急监测与支援； 下达应急监测指令； 收集分析监测数据	
	总体应急状态（根据《原灾法》第 15 条准则需要宣布应急状态的事件）	核设施营运单位	增补集合人员	向地方政府报告信息	开展厂区边界的应急监测 做好应急监测的实施与支援	
		地方政府	增补集合人员	向居民提供信息	实施应急监测	
		国家	增补集合人员； 实施增补派遣到现场人员	向地方政府提供信息； 通过媒体发布信息	实施应急监测与支援； 下达应急监测指令； 收集分析监测数据	

表 3-3　核设施营运单位、国家和地方政府预计将采取的措施（2/2）

［适用于其他核设施（不设核事故应急计划区的）］

			核设施所在的省份的地方政府等 （应对核设施周围近距离地点） 根据当地的地方实情涵盖一些周边的市、町、村			
			组织整备	信息提供	环境监测	防护行动
OIL	OIL1	核设施营运单位		向国家和地方政府报告信息		
		地方政府		向居民提供信息	实施应急监测	【撤离】 实施撤离
		国家		向地方政府提供信息； 通过媒体渠道发布信息	收集和分析监测数据； 实施应急监测与支援	【撤离】 确定撤离范围； 指令地方政府实施撤离（含行动不便人员的隐蔽）
	饮食相关的监测准则	核设施营运单位		通报国家和地方政府	实施应急监测与支援	
		地方政府		向居民提供信息	实施应急监测	【饮食控制】 个别物品放射性物质浓度检测
		国家		向地方政府提供信息； 通过媒体渠道发布信息	收集和分析监测数据； 支援和实施应急监测	【饮食控制】 确定应该进行放射性物质浓度监测的范围； 指令地方政府进行个别物品放射性物质浓度监测
	OIL4	核设施营运单位		报告国家和地方政府		【撤离范围缩减检查以及简易去污】 配合撤离范围缩减检查以及简易去污

续表

			核设施所在的省份的地方政府等（应对核设施周围近距离地点）根据当地的地方实情涵盖一些周边的市、町、村			
			组织整备	信息提供	环境监测	防护行动
OIL	OIL4	地方政府		向居民提供信息		【撤离范围缩减检查以及简易去污】 实施撤离范围缩减检查以及简易去污
		国家		向地方政府提供信息； 通过媒体发布信息		【撤离范围缩减检查以及简易去污】 下达撤离范围缩减检查以及简易去污指令
	OIL2	核设施营运单位		报告国家和地方政府	实施应急监测与支援	
		地方政府		向居民提供信息	实施应急监测	【避迁】 实施避迁行动
		国家		向地方政府提供信息； 通过媒体发布信息	收集和分析监测数据； 实施应急监测与支援	【避迁】 确定避迁范围； 指令地方政府实施避迁行动
	OIL6	核设施营运单位				
		地方政府		向居民提供信息	实施个别物品中的放射性物质的检测	【饮食摄入控制】 实施食物和饮用水摄入限制
		国家		向地方政府提供信息； 通过媒体发布信息	收集分析个别物品的放射性物质浓度测量结果； 测量个别物品的放射性物质浓度	【饮食摄入控制】 确定摄入受限的品种目录； 指令地方政府实施摄入受限品种政策

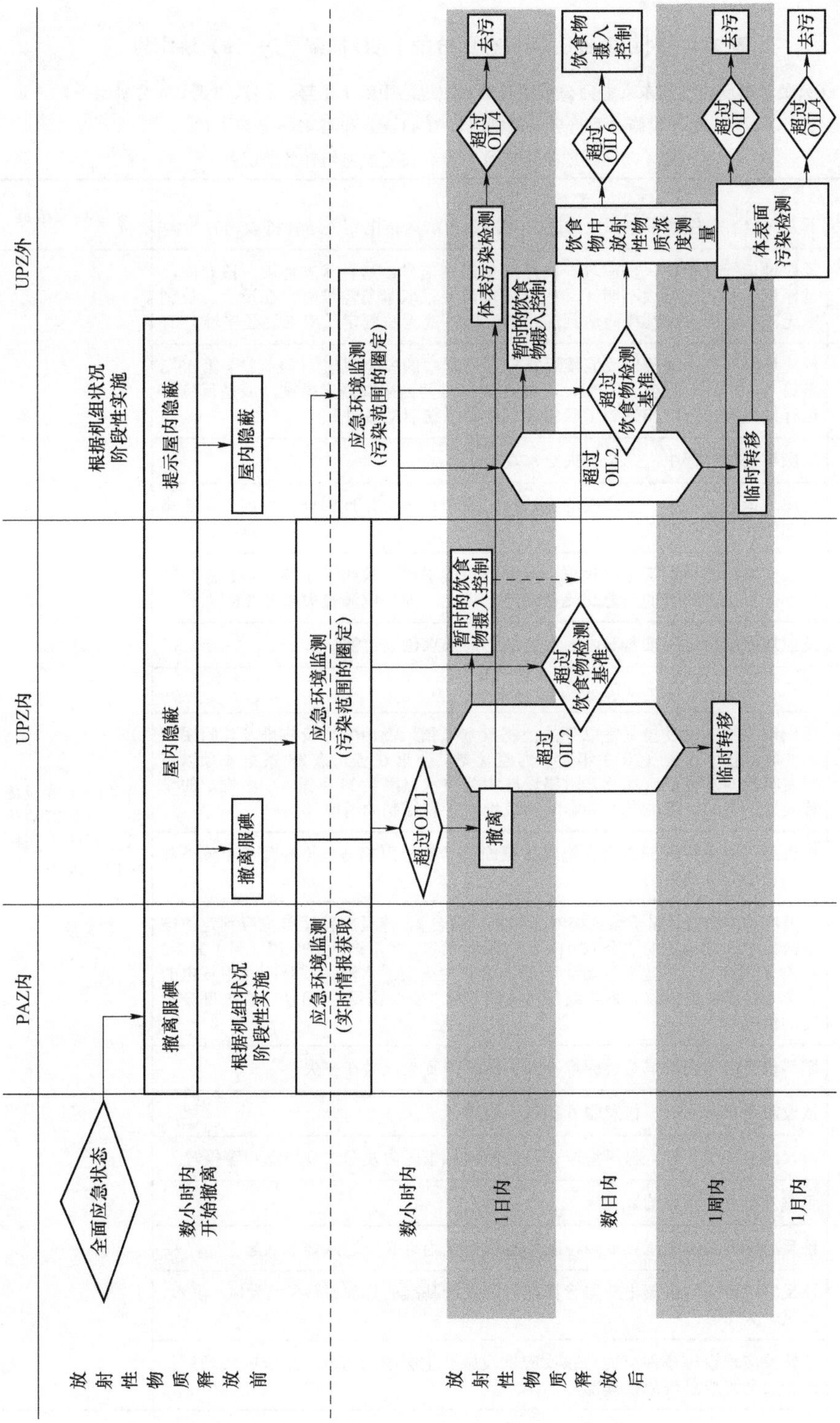

图 3-1　防护措施实施流程

表 3-4 判断各种应急状态划分的 EAL 框架——（a）沸水堆

（只限发电反应堆，东京电力公司福岛第一核电站中除了 1 号、2 号、3 号、4 号机组外）
运行设施（不符合《规制法》第 43-3 条和第 43-6 条第 1 项、
第 4 项准则或除反应堆内不存在乏燃料组件的情况外）

警戒状态的 EAL （下文（14）条仅限于中部电力股份有限公司滨冈核电相关运行核设施）		应急响应措施
1	反应堆运行过程中，反应堆一回路发生停堆信号，这种状态持续一段时间，且停堆信号发生原因不明。又或反应堆需要采取紧急停堆时，在反应堆控制室无法实现插入控制棒而达到停止的目的，或无法判定反应堆已经停堆。	
2	反应堆冷却剂泄漏超出反应堆运行安全规定中的安全限值（《规制法》第 43-3 条第 24 项安保规定，下同），不能在规定时间内采取规定措施，或是反应堆运行期间冷却剂泄漏达到了应急堆芯冷却系统启动条件	
3	反应堆运行过程中，完全丧失给水功能	
4	反应堆运行过程中，主冷凝器无法排出反应堆余热，反应堆丧失部分余热排出功能	
5	应急交流母线只剩下 1 路供电，且向该母线送电也只剩下 1 路，该状态持续 15 min 以上，所有的应急交流母线停止供电，或外电源丧失超过 3 h 以上	
6	反应堆停堆后反应堆容器内的水位低于最低水位设定值	
7	乏燃料水池水位低于规定水位	
8	反应堆控制室以及控制室以外的控制盘室（指示商用发电反应堆及其附属设施的相关技术指南（2013 年原子力监管委员会第 6 号）第 38 条第 4 项以及研发阶段的发电反应堆及其附属设施相关技术指南第 37 条第 4 项中规定的设置装置的房间）可能发生会影响反应堆运行和控制的情况	启动应急响应体系，收集事故信息，开始为居民防护做准备
9	核设施营运单位内部通信设施或核设施营运单位内部与核设施营运单位外部通信设施部分丧失功能	
10	重要区域（根据《原子力灾害对策特别处置法》，核设施营运单位应制定的核事故应急计划相关的法令（2012 年文部科学省，经济产业省令第 4 号）第 2-2 条第 8 项中规定的重要区域，下同）内发生火灾或水淹，或是同号中规定的安全上的重要构筑物、系统或仪器（以下称“安全仪器”）可能会丧失部分功能的情况	
11	燃料包壳屏障丧失或是反应堆冷却系统屏障丧失或潜在丧失	
12	核设施所在市、町、村发生 6 级以上地震	
13	核设施所在市、町、村沿海岸在内的海啸预报区内发布大规模海啸警报时	
14	东海发出地震预警的情况	
15	该反应堆设施发生重要故障，现场总指挥认为有必要进入警戒状态	
16	该反应堆设施发生超出新监管标准规定设计基准的外部事件（龙卷风、洪水、台风、火山等）	
17	非核反应堆设施事件可能对核反应堆设施产生影响的情况，厂长或代理厂长判断启动警戒总应急指挥部	

续表

场区应急状态的 EAL		应急响应措施
1	反应堆运行过程中，发生冷却剂泄漏导致应急堆芯冷却装置启动，其中应急堆芯冷却装置以及反应堆隔离冷却系统或是与这些装置功能相同的系统中任意一个系统丧失了高压或低压注水功能	做好 PAZ 内居民撤离的准备，以及进行早期需要实施的居民撤离的防护行动
2	反应堆运行过程中，丧失了对该反应堆所有给水功能，且应急堆芯冷却装置等相关装置无法采用高压注水方式向反应堆直接注水	
3	反应堆运行过程中，主冷凝器无法排出反应堆余热且无法通过余热排出系统立即导出反应堆余热	
4	所有的应急交流母线停止供电，且该状态持续 30 min 以上	
5	应急直流母线只剩下 1 路，且向直流母线供电线路也只剩下 1 路，这种状态持续 5 min 以上	
6	反应堆停堆期间，反应堆容器内的水位降到启动应急堆芯冷却装置的水位（只限低压注水系统），且所有的应急堆芯冷却装置失去注水功能	
7	不能维持乏燃料水池水位或当不能维持该水池水位的情况下又测量不到水位时	
8	反应堆控制室以及反应堆远程操控室的环境恶化，发生反应堆控制故障，或是反应堆或乏燃料发生异常，反应堆控制室设置的反应堆状态监测仪表丧失功能或反应堆监测仪表的报警装置部分功能丧失	
9	核设施营运单位内部通信设施或核设施营运单位内部与核设施营运单位外部通信设施全部丧失功能	
10	发生火灾或是水淹，安全设施部分功能丧失	
11	反应堆容器内的压力或温度的上升速度在规定时间内超出正常运行或停堆状态下的上升速度	
12	反应堆的堆芯（以下简称“堆芯”）没有发生损伤，但为了防止堆芯损伤降低反应堆容器压力而使用泄压装置的情况	
13	燃料包壳屏障丧失的情况下反应堆冷却系统屏障潜在丧失，或燃料包壳的屏障和反应堆冷却剂的屏障均潜在丧失，或燃料包壳屏障潜在丧失或反应堆冷却剂屏障潜在丧失的情况，安全壳屏障丧失	
14	厂区边界附近监测到的放射性剂量水平或放射性物质浓度数据超出《原灾法》第 10 条可通报准则以上的情况。（除向厂区外运输的情况）	
15	其他由非核反应堆设施引起的事件可能对核反应堆设施产生影响，导致放射性物质释放或可能释放到场外，发生需要开始准备应急防护行动和执行部分防护行动的事件	

续表

总体应急状态的 EAL		应急响应措施
1	反应堆需要紧急停堆的情况下，所有停堆的操作都不能停止反应堆，或不能确认已经停堆的情况	对 PAZ 内的居民采取撤离等防护行动的同时，UPZ 以及（根据必要）UPZ 以外很远区域，开始为放射性物质释放后采取防护行动做准备。放射性物质释放后，根据测量的空间辐射剂量率等实施防护行动
2	反应堆运行过程中，由于反应堆冷却剂泄漏导致应急堆芯冷却装置启动的情况下，所有应急堆芯冷却装置都无法直接向堆芯注入冷却水	
3	反应堆运行过程中，丧失全部给水能力，所有应急堆芯冷却装置都无法向堆芯注入冷却水	
4	反应堆容器的压力或温度达到设计上能够承受的最高温度和最大压力	
5	反应堆运行过程中，主冷凝器不能带走反应堆热量的情况下，该反应堆丧失全部余热排出功能且反应堆容器丧失抑压能力的情况	
6	所有的应急交流电全部停止供电，并且该状态持续 1 h 以上	
7	所有应急直流电供给全部丧失，并且该状态持续 5 min 以上	
8	安全壳内监测到堆芯损伤程度的放射性剂量水平值	
9	反应堆停堆时，压力容器内的水位低至应急堆芯冷却装置启动的水位，所有的应急堆芯冷却装置无法注水的情况	
10	乏燃料水池的水位低于乏燃料组件顶部 2 m，或有可能低于该水位且不能测量该水池水位	
11	反应堆主控室以及远程操控室不能使用，导致反应堆停堆功能以及冷停堆状态无法维持，或是反应堆或乏燃料水池发生异常的情况下，不能由控制室控制停堆以及不能维持冷停堆状态，反应堆控制室的监测仪表或报警装置丧失全部功能	
12	燃料包壳屏障丧失且反应堆冷却系统完整性丧失的情况下安全壳完整性存在丧失风险	
13	核设施厂区内监测到放射性物质或辐射剂量水平超出《原灾法》第 15 条规定值（除向厂区外运输的情况）	
14	其他由非核反应堆设施引起的事件可能对核反应堆设施产生影响，导致放射性物质向场外异常释放或可能释放，发生核设施周围的居民有必要开始撤离的事件	

表 3-4　判断各种应急状态划分的 EAL 框架——（b）压水堆

（只限商用发电）相关的反应堆运行核设施（该设施除不符合《规制法》第 43-3 条、第 43-6 条第 1 项、第 4 项准则的情况或反应堆容器内不存在乏燃料组件的情况之外）

	警戒状态的 EAL	应急响应措施
1	反应堆运行过程中，反应堆保护系统中的 1 个通道发出停堆信号，这种状态持续一段时间且停堆信号发生原因不明确。或是反应堆需要紧急停堆的时刻，控制室无法通过操作控制棒来实现停堆操作，或是无法确定反应堆已经停堆的情况	
2	反应堆运行期间，反应堆冷却剂泄漏超出安全运行限值，且规定时间内不能采取规定的措施，或是发生达到启动应急堆芯冷却装置的冷却剂泄漏的事件	
3	反应堆运行过程中，蒸汽发生器给水功能全部丧失，电动辅助给水泵丧失给水能力	
4	应急交流母线只剩下 1 路供电，且向该母线送电也只剩下 1 路，该状态持续 15 min 以上，或丧失外电源 3 h 以上	
5	反应堆停止运行期间余热排出系统部分功能丧失	
6	乏燃料水池水位低于规定水位	
7	反应堆控制室或反应堆控制室以外操控盘室发生影响反应堆运行和控制可能的事件	启动应急响应体系，收集事故信息，开始为居民防护做准备
8	核设施营运单位内部通信设施或核设施营运单位内部与核设施营运单位外部通信设施部分丧失功能	
9	保护区内可能发生火灾或水淹，导致安全设备的部分功能丧失等	
10	燃料包壳或反应堆冷却系统屏障丧失或可能丧失	
11	核设施所在的市、町、村发生烈度 6 级以上的地震时	
12	核设施所在市、町、村沿岸在内的海啸预报区内发布大规模海啸警报时	
13	现场总指挥认为核设施发生重要故障有必要进入警戒状态	
14	该反应堆设施发生超出新监管标准规定设计基准的外部事件（龙卷风、洪水、台风、火山等）	
15	非核反应堆设施事件可能对核反应堆设施产生影响的情况，厂长或代理厂长判断启动警戒总应急指挥部	

续表

场区应急的 EAL		应急响应措施
1	反应堆运行过程中，发生导致应急堆芯冷却装置启动的冷却剂泄漏，应急堆芯冷却装置和具有同等功能的设备无法采取高压或低压模式向该反应堆中立即注水	做好 PAZ 内居民撤离的准备，以及进行早期需要实施的居民撤离的防护行动
2	反应堆运行过程中丧失向蒸汽发生器全部供水功能	
3	所有应急交流母线供电停止，且状态持续 30 min 以上	
4	当应急直流母线变为 1 路时，向直流母线供电的电源变为 1 路，该状态持续 5 min 或更长时间	
5	停堆期间丧失所有余热排出功能	
6	乏燃料水池水位无法维持，或在该水池水位可能无法维持的情况下无法测量	
7	反应堆控制室和反应堆控制室外操控盘室环境恶化导致反应堆控制出现故障，或反应堆或乏燃料贮存槽发生异常时，反应堆控制室中设置的显示反应堆设施状态的装置或显示反应堆设施异常的报警装置丧失部分功能	
8	核设施营运单位内部通信设施或核设施营运单位内部与核设施营运单位外部通信设施全部丧失功能	
9	发生火灾或是水淹，安全设施丧失部分功能	
10	反应堆安全壳内的压力或温度的上升速度在规定时间内超出正常运行或停堆状态下的上升速度	
11	堆芯没有发生损伤情况下，为防止堆芯损伤启动泄压装置的情况	
12	燃料包壳屏障丧失的情况下反应堆冷却系统屏障潜在丧失，或燃料包壳的屏障和反应堆冷却剂的屏障均潜在丧失，或燃料包壳屏障潜在丧失或反应堆冷却剂屏障潜在丧失的情况，安全壳屏障丧失	
13	厂区边界附近监测到的放射性剂量水平或放射性物质浓度数据超出《原灾法》第 10 条可通报准则以上的情况。（除向厂区外运输的情况）	
14	其他由非核反应堆设施引起的事件可能对核反应堆设施产生影响，导致放射性物质释放或可能释放到场外，发生需要开始准备应急防护行动和执行部分防护行动的事件	

续表

总体应急的 EAL		应急响应措施
1	反应堆需要紧急停堆的情况下，通过插入控制棒不能达到停堆或不能确认已经停堆的情况	对PAZ内的居民采取撤离等防护行动的同时，UPZ以及（根据必要）UPZ以外很远区域，开始为放射性物质释放后采取防护行动做准备。放射性物质释放后，根据测量的空间辐射剂量率等实施防护行动
2	在反应堆运行过程中，发生需要应急堆芯冷却装置工作的反应堆冷却剂泄漏时，不能立即通过所有应急堆芯冷却装置和具有同等功能的设备注水	
3	在反应堆运行过程中，当蒸汽发生器失去全部给水功能时，不能立即通过所有应急堆芯冷却装置和具有同等功能的设备注水	
4	安全壳内的压力或温度达到设计承受的最高温度和最大压力	
5	所有应急交流母线供电停止并持续 1 h 以上	
6	所有应急直流母线供电停止，且状态持续 5 min 以上	
7	检测到表明堆芯发生损坏的反应堆安全壳内的辐射剂量水平或反应堆容器内的出口温度	
8	为了检查蒸汽发生器或其他目的临时降低反应堆容器内的水位时，反应堆丧失余热排出功能，且不能从换料贮存槽注水	
9	乏燃料水池槽的水位低于乏燃料组件顶部至上方 2 m 水位，或可能已降至该水位时，水池水位无法测量	
10	反应堆主控室以及远程操控室不能使用，导致反应堆停堆功能以及冷停堆状态无法维持，或是反应堆或乏燃料水池发生异常的情况下，不能由控制室控制停堆以及不能维持冷停堆状态，反应堆控制室的监测仪表或报警装置丧失全部功能	
11	燃料包壳屏障丧失且反应堆冷却系统完整性丧失的情况下安全壳完整性存在丧失风险	
12	核设施厂区内监测到放射性物质或辐射剂量水平超出《原灾法》第 15 条规定值（除向厂区外运输的情况）	
13	其他由非核反应堆设施引起的事件可能对核反应堆设施产生影响，导致放射性物质向场外异常释放或可能释放的情况下，发生核设施周围的居民有必要开始撤离的事件	

表 3-4 判断各种应急状态划分的 EAL 框架——（c）钠冷快堆

（《规制法》第 2 条第 5 项规定的发电反应堆）有关的核反应堆运行设施

（除反应堆内不存在乏燃料组件的情况外）

警戒状态的 EAL		应急响应措施
1	当应急交流母线变为 1 路时，向应急交流母线供电的电源变为 1 路的状态持续 15 min 或更长，所有应急交流母线停止供电，或丧失全部外电源 3 h 以上的情况	启动应急响应体系，收集事故信息，开始为居民防护做准备
2	乏燃料水池水位低于规定水位以下	
3	反应堆控制室以及控制室外的操控盘室发生对反应堆运行和控制影响的事件	
4	核设施营运单位内部通信设施或核设施营运单位内部与核设施营运单位外部通信设施部分丧失功能	
5	保护区内可能发生火灾或水淹，导致安全设备的部分功能丧失等	
6	燃料包壳或是反应堆冷却系统屏障丧失或潜在丧失	
7	核设施所在市、町、村发生烈度 6 级以上的地震时	
8	核设施所在市、町、村沿岸在内的海啸预报区内发布大规模海啸警报时	
9	现场总指挥认为核设施发生重要故障有必要进入警戒状态	
10	该反应堆设施发生超出新监管标准规定设计基准的外部事件（龙卷风、洪水、台风、火山等）	
11	非核反应堆设施事件可能对核反应堆设施产生影响的情况，厂长或代理厂长判断启动警戒总应急指挥部	
场区应急的 EAL		应急响应措施
1	反应堆运行过程中，发生超出抽取冷却剂装置功能的反应堆冷却剂泄漏	做好 PAZ 内居民撤离的准备，以及进行早期需要实施的居民撤离的防护行动
2	反应堆运行过程中，主冷却系统丧失堆芯余热排出功能，反应堆丧失余热排出能力	
3	所有应急交流母线供电停止，且状态持续 30 min 以上（反应堆设施所设电源设备不符合《研究开发阶段发电用核反应堆及其附属设施位置、结构和设备标准条例》（2013 年原子力监管委员会第 9 号）第 58 条第 1 款和《研究开发阶段发电用核反应堆及其附属设施技术标准条例》（2013 年原子力监管委员会第 10 号）第 72 条第 1 款的情况下，不少于 5 min）	
4	当应急直流母线变为 1 路时，向直流母线供电的电源变为 1 路的状态持续 5 min 或更长时间	
5	停堆期间丧失所有的余热排出功能	
6	乏燃料水池水位无法维持或存在这种风险的情况下，水位无法进行监测	
7	反应堆控制室和反应堆控制室外操控盘室环境恶化导致反应堆控制出现故障，或反应堆或乏燃料贮存槽发生异常时，反应堆控制室中设置的显示反应堆设施状态的装置或显示反应堆设施异常的报警装置丧失部分功能	
8	核设施营运单位内部通信设施或核设施营运单位内部与核设施营运单位外部通信设施全部丧失功能	

续表

场区应急的 EAL		应急响应措施
9	发生火灾或是水淹，安全设施丧失部分功能	做好 PAZ 内居民撤离的准备，以及进行早期需要实施的居民撤离的防护行动
10	安全壳内的压力或温度上升速度在规定时间内超出正常运行或停堆状态下的上升速度	
11	燃料包壳屏障丧失的情况下反应堆冷却系统屏障潜在丧失，或燃料包壳的屏障和反应堆冷却剂的屏障均潜在丧失，或燃料包壳屏障潜在丧失或反应堆冷却剂屏障潜在丧失的情况，安全壳屏障丧失	
12	厂区边界附近监测到的放射性剂量水平或放射性物质浓度数据超出《原灾法》第 10 条可通报准则以上的情况。(除向厂区外运输的情况)	
13	其他由非核反应堆设施引起的事件可能对核反应堆设施产生影响，导致放射性物质释放或可能释放到场外，发生需要启动应急状态对应的防护行动准备的事件或开始实施部分防护行动的事件	
总体应急的 EAL		应急响应措施
1	反应堆需要紧急停堆的情况下，不能通过插入控制棒（除电动插入之外）达到停堆或不能确认已经停堆的情况	对 PAZ 内的居民采取撤离等防护行动的同时，UPZ 以及（根据必要）UPZ 以外很远区域，开始为放射性物质释放后采取防护行动做准备。放射性物质释放后，根据测量的空间辐射剂量率等实施防护行动
2	反应堆运行过程中丧失所有冷却功能	
3	反应堆容器压力或温度达到设计承受的最高温度和最大压力	
4	所有应急交流母线供电停止，且状态持续 60 min 以上（反应堆设施所设电源设备不符合《研究开发阶段发电用核反应堆及其附属设施位置、结构和设备标准条例》(2013 年原子力监管委员会第 9 号）第 58 条第 1 款和《研究开发阶段发电用核反应堆及其附属设施技术标准条例》(2013 年原子力监管委员会第 10 号）第 72 条第 1 款的情况下，不少于 30 min)	
5	丧失全部应急直流电，且持续 5 min 以上	
6	检测到表明堆芯发生损坏的反应堆安全壳内的辐射剂量水平或反应堆容器内的出口温度	
7	停堆中的反应堆容器内监测到乏燃料组件裸露而导致的水位变化以及其他征兆	
8	乏燃料水池槽的水位低于乏燃料组件顶部至上方 2 m 水位，或可能已降至该水位时，水池水位无法测量	
9	反应堆主控室以及远程操控室不能使用，导致反应堆停堆功能以及冷停堆状态无法维持，或是反应堆或乏燃料水池发生异常的情况下，不能由控制室控制停堆以及不能维持冷停堆状态，反应堆控制室的监测仪表或报警装置丧失全部功能	
10	燃料包壳屏障丧失且反应堆冷却系统完整性丧失的情况下安全壳完整性存在丧失风险	
11	核设施厂区内监测到放射性物质或辐射剂量水平超出《原灾法》第 15 条规定值（除向厂区外运输的情况）	
12	其他由非核反应堆设施引起的事件可能对核反应堆设施产生影响，导致放射性物质向场外异常释放或可能释放，发生核设施周围的居民有必要开始撤离的事件	

表 3-4 判断各种应急状态划分的 EAL 框架——（d）研究反应堆

（除表 3-4（c）所述的钠冷快堆外）有关的核反应堆运行设施（除反应堆内不存在乏燃料组件的情况外）以及用于试验研究的反应堆设施

由于这些设施特性多种多样，核设施营运单位在制定具体的 EAL 时，应当参照报告规则第 7 条第 1 项和第 14 条所述的事项，以及参照上述表 3-4（a）、表 3-4（b）、表 3-4（d）表格中给出的 EAL 框架，结合核设施的特性制定具体 EAL。

表 3-4 判断各种应急状态划分的 EAL 框架——（e）发电反应堆

（除福岛第一核电站的 1 号、2 号、3 号、4 号反应堆外）有关的核反应堆运行设施（只限于不符合《规制法》第 43-3 条和第 43-6 条第 1 项、第 4 项准则的设施），除原子力监管委员会许可乏燃料水池中的乏燃料已经得到充分冷却的装置，或乏燃料水池中不存在乏燃料的装置除外

警戒状态的 EAL		应急响应措施
下述第 4 条仅限中部电力股份有限公司滨冈核电相关运行核设施		
1	乏燃料水池水位不能维持，或该水池水位在规定时间内不能测量	启动应急响应体系，收集事故信息，开始为居民防护做准备
2	核设施所在市、町、村发生烈度 6 级以上地震	
3	核设施所在市、町、村沿岸在内的海啸预报区发布大规模海啸警报时	
4	东海地震预知信息或是东海地震提醒信息发布的情况	
5	现场总指挥确认进入警戒状态的重大事故发生情况	
6	非核反应堆设施事件可能对核反应堆设施产生影响的情况，厂长或代理厂长判断启动警戒总应急指挥部	
场区应急的 EAL		应急响应措施
1	乏燃料水池水位降至乏燃料组件顶部至上方 2 m 水位	做好 PAZ 内居民撤离的准备，以及进行早期需要实施的居民撤离的防护行动
2	厂区边界附近监测到的放射性剂量水平或放射性物质浓度数据超出《原灾法》第 10 条可通报准则以上的情况。（除向厂区外运输的情况）	
3	其他由非核反应堆设施引起的事件可能对核反应堆设施产生影响，导致放射性物质向场外释放或可能释放，发生需要开始准备应急防护行动和执行部分防护行动的事件	
总体应急的 EAL		应急响应措施
1	乏燃料水池水位降至乏燃料组件顶部水位	对 PAZ 内的居民采取撤离等防护行动的同时，UPZ 以及（根据必要）UPZ 以外很远区域，开始为放射性物质释放后采取防护行动做准备。放射性物质释放后，根据测量的空间辐射剂量率等实施防护行动
2	核设施厂区内监测到放射性物质或辐射剂量水平超出《原灾法》第 15 条规定值（除向厂区外运输的情况）	
3	其他由非核反应堆设施引起的事件可能对核反应堆设施产生影响，导致放射性物质向场外异常释放或可能释放，发生核设施周围的居民有必要开始撤离的事件	

表 3-4　判断各种应急状态划分的 EAL 框架——（f）东京电力公司福岛第一核电站中的 1 号、2 号、3 号、4 号有关的核反应堆运行设施

（除乏燃料水池内没有乏燃料的情况外）

	警戒状态的 EAL	应急响应措施
1	乏燃料水池水位不能维持，或该水池水位在规定时间内不能测量	启动应急响应体系，收集事故信息，开始为居民防护做准备。在指定撤离区域，禁止临时进入，临时进入指定撤离区域的居民做好撤退准备
2	核设施所在市、町、村发生烈度 6 级以上地震	
3	核设施所在市、町、村沿岸在内的海啸预报区发布大规模海啸警报时	
4	现场总指挥确认进入警戒状态的重大事故发生的情况	
5	非核反应堆设施事件可能对核反应堆设施产生影响的情况，厂长或代理厂长判断启动警戒总应急指挥部	
	场区应急的 EAL	**应急响应措施**
1	乏燃料水池水位降至乏燃料组件顶部至上方 2 m 水位	开始撤离临时进入指定撤离区的居民，对于非指定撤离区域内的居民着手做好室内隐蔽准备
2	厂区边界附近监测到的放射性剂量水平或放射性物质浓度数据超出《原灾法》第 10 条可通报准则以上的情况。（除向厂区外运输的情况）	
3	其他由非核反应堆设施引起的事件可能对核反应堆设施产生影响，导致放射性物质向场外释放或可能释放，发生需要开始准备应急防护行动和执行部分防护行动的事件	
	总体应急的 EAL	**应急响应措施**
1	乏燃料水池水位降至乏燃料组件顶部水位	对于非指定撤离区域内的居民开始室内隐蔽行动
2	核设施厂区内监测到放射性物质或辐射剂量水平超出《原灾法》第 15 条规定值（除向厂区外运输的情况）	
3	其他由非核反应堆设施引起的事件可能对核反应堆设施产生影响，导致放射性物质向场外异常释放或可能释放，发生核设施周围的居民有必要开始撤离的事件	

表 3-4　判断各种应急状态划分的 EAL 框架——（g）乏燃料组件仅存于乏燃料水池内的反应堆相关的反应堆运行设施等

（即使是发电反应堆也要仅限于符合《规制法》第 43-3 条和第 43-6 条第 1 项、第 4 项准则的设施），除研究反应堆和原子力监管委员会许可的已经充分冷却的乏燃料组件的设施外）

	警戒状态的 EAL	应急响应措施
	下述第 8 条仅限中部电力股份有限公司滨冈核电相关运行核设施	
1	所有应急交流母线只剩下 1 路供电，且向该母线送电也只剩下 1 路，该状态持续 15 min 以上，或丧失所有外电源 3 h 以上	启动应急响应体系，收集事故信息，开始为居民防护做准备
2	乏燃料水池水位低于规定水位	
3	反应堆控制室以及控制室外的操控盘室发生对反应堆运行和控制影响的事件	

续表

警戒状态的 EAL		应急响应措施
下述第 8 条仅限中部电力股份有限公司滨冈核电相关运行核设施		
4	核设施营运单位内部通信设施或核设施营运单位内部与核设施营运单位外部通信设施部分丧失功能	启动应急响应体系，收集事故信息，开始为居民防护做准备
5	保护区内可能发生火灾或水淹，导致安全设备的部分功能丧失等	
6	核设施营运单位所在的市、町、村发生烈度 6 级以上的地震时	
7	核设施营运单位所在市、町、村沿岸在内的海啸预报区内发布大规模海啸警报时	
8	东海地震预知信息或是东海地震提醒信息发布的情况	
9	现场总指挥认为核设施发生重要故障有必要进入警戒状态	
10	该反应堆设施发生超出新监管标准规定设计基准的外部事件（龙卷风、洪水、台风、火山等）	
11	非核反应堆设施事件可能对核反应堆设施产生影响的情况，厂长或代理厂长判断启动警戒总应急指挥部	
场区应急的 EAL		应急响应措施
1	所有应急交流母线供电停止，且状态持续 30 min 以上（反应堆设施所设电源设备不符合《研究开发阶段发电用核反应堆及其附属设施位置、结构和设备标准条例》（2013 年原子力监管委员会第 9 号）第 58 条第 1 款和《研究开发阶段发电用核反应堆及其附属设施技术标准条例》（2013 年原子力监管委员会第 10 号）第 72 条第 1 款的情况下，不少于 5 min）	做好 PAZ 内居民撤离的准备，以及进行早期需要实施的居民撤离的防护行动
2	当应急直流母线变为 1 路时，向直流母线供电的电源变为 1 路的状态持续 5 min 或更长时间	
3	乏燃料水池水位无法维持或存在这种风险的情况下，水位无法进行监测	
4	反应堆控制室和反应堆控制室外操作面板室环境恶化导致反应堆控制出现故障，或反应堆或乏燃料贮存槽发生异常时，反应堆控制室中设置的显示反应堆设施状态的装置或显示反应堆设施异常的报警装置丧失部分功能	
5	核设施营运单位内部通信设施或核设施营运单位内部与核设施营运单位外部通信设施全部丧失功能	
6	发生火灾或是水淹，安全设施丧失部分功能	
7	厂区边界附近监测到的放射性剂量水平或放射性物质浓度数据超出《原灾法》第 10 条可通报准则以上的情况。（除向厂区外运输的情况）	
8	其他由非核反应堆设施引起的事件可能对核反应堆设施产生影响，导致放射性物质向场外释放或可能释放，发生需要开始准备应急防护行动和执行部分防护行动的事件	

续表

	总体应急的 EAL	应急响应措施
1	所有应急交流母线供电停止，且状态持续 60 min 以上（反应堆设施所设电源设备不符合《研究开发阶段发电用核反应堆及其附属设施位置、结构和设备标准条例》（2013 年原子力监管委员会第 9 号）第 58 条第 1 款和《研究开发阶段发电用核反应堆及其附属设施技术标准条例》（2013 年原子力监管委员会第 10 号）第 72 条第 1 款的情况下，不少于 30 min）丧失全部应急直流电，且持续 5 min 以上	对 PAZ 内的居民采取撤离等防护行动的同时，UPZ 以及（根据必要）UPZ 以外很远区域，开始为放射性物质释放后采取防护行动做准备。放射性物质释放后，根据测量的空间辐射剂量率等实施防护行动
2	检测到表明堆芯发生损坏的反应堆安全壳内的辐射剂量水平或反应堆容器内的出口温度	
3	乏燃料水池槽的水位低于乏燃料组件顶部至上方 2 m 水位，或可能已降至该水位时，水池水位无法测量	
4	反应堆主控室以及远程操控室不能使用，导致反应堆停堆功能以及冷停堆状态无法维持，或是反应堆或乏燃料水池发生异常的情况下，不能由控制室控制停堆以及不能维持冷停堆状态，反应堆控制室的监测仪表或报警装置丧失全部功能	
5	核设施厂区内监测到放射性物质或辐射剂量水平超出《原灾法》第 15 条规定值（除向厂区外运输的情况）	
6	其他由非核反应堆设施引起的事件可能对核反应堆设施产生影响，导致放射性物质向场外异常释放或可能释放，发生核设施周围的居民有必要开始撤离的事件	

表 3-4　判断各种应急状态划分的 EAL 框架——（h）后处理设施

	警戒状态的 EAL	应急响应措施
1	《后处理设施位置、结构和设备标准条例》（2013 年原子力监管委员会的第 27 号，以下简称《后处理业务指定标准条例》）第 35 条规定的功能丧失，溶液沸腾	启动应急响应体系，收集事故信息，开始为居民防护做准备
2	所有交流母线停止供电，且状态持续 30 min 以上	
3	不能维持乏燃料水池的正常水位，或规定时间上法监测该水池的水位	
4	控制室环境恶化，可能影响后处理设施的运行和控制	
5	核设施营运单位内部通信设施或核设施营运单位内部与核设施营运单位外部通信设施部分丧失功能	
6	保护区内可能发生火灾或水淹，导致安全设备的部分功能丧失等	
7	安全功能《后处理业务指定标准条例》第 1 条第 3 号规定的安全功能）丧失的情况下，单元操作间内发生或可能发生氢气爆炸或是发生有机溶液的起火或爆炸的情况	
8	后处理设施内部，核燃料物质的形状控制、质量控制以及其他方法控制受损，导致提高临界可能性的情况	
9	核设施所在地发生 6 级以上地震的情况	
10	核设施所在的市、町、村发生烈度 6 级以上的地震时	

续表

警戒状态的 EAL		应急响应措施
11	核设施所在市、町、村沿岸在内的海啸预报区内发布大规模海啸警报时	启动应急响应体系，收集事故信息，开始为居民防护做准备
12	现场总指挥认为核设施发生重要故障有必要进入警戒状态	
13	该反应堆设施发生超出新监管标准规定设计基准的外部事件（龙卷风、洪水、台风、火山等）	
14	非核反应堆设施事件可能对核反应堆设施产生影响的情况，厂长或代理厂长判断启动警戒总应急指挥部	
场区应急的 EAL		应急响应措施
1	乏燃料水池的水位低于乏燃料组件顶部至上方 2 m	做好 PAZ 内居民撤离的准备，以及进行早期需要实施的居民撤离的防护行动
2	控制室不可使用的情况	
3	核设施营运单位内部通信设施或核设施营运单位内部与核设施营运单位外部通信设施全部丧失功能	
4	发生火灾、爆炸或水淹，安全设施丧失部分功能	
5	操作单元向建筑厂房内泄漏了放射性物质的情况	
6	后处理设施的内部发生临界事故	
7	厂区边界附近监测到的放射性剂量水平或放射性物质浓度数据超出《原灾法》第 10 条可通报准则以上的情况。（除向厂区外运输的情况）	
8	其他由非后处理核设施引起的事件可能对后处理核设施产生影响，导致放射性物质向场外释放或可能释放，发生需要开始准备应急防护行动和执行部分防护行动的事件	
总体应急的 EAL		应急响应措施
1	丧失《后处理业务指定标准条例》第 35 条规定的功能，溶液持续沸腾产生或可能产生挥发性放射性物质的情况	对 PAZ 内的居民采取撤离等防护行动的同时，UPZ 以及（根据必要）UPZ 以外很远区域，开始为放射性物质释放后采取防护行动做准备。放射性物质释放后，根据测量的空间辐射剂量率等实施防护行动
2	乏燃料水池水位到达乏燃料组件顶部的位置	
3	操作单元向建筑厂房泄漏大量的放射性物质	
4	反应堆运行相关设施的内部（除堆本体以外），核燃料物质发生临界的状态（原子核发生持续的链式裂变反应的状态）	
5	核设施厂区内监测到放射性物质或辐射剂量水平超出《原灾法》第 15 条规定值（除向厂区外运输的情况）	
6	其他由非后处理核设施引起的事件可能对后处理核设施产生影响，导致放射性物质向场外异常释放或可能释放，发生核设施周围的居民有必要开始进行室内隐蔽的事件	

表 3-4 判断各种应急状态划分的 EAL 框架——（i）反应堆运行相关设施

（除上述（a）～（h）中所描述以外的设施）

<table>
<tr><th colspan="2">警戒状态的 EAL</th><th rowspan="2">应急响应措施</th></tr>
<tr><th colspan="2">下述第 8 条仅限中部电力股份有限公司滨冈核电相关运行核设施</th></tr>
<tr><td>1</td><td>核设施所在市、町、村发生烈度 6 级以上的地震时</td><td rowspan="5">启动应急响应体系，收集事故信息，开始为居民防护做准备</td></tr>
<tr><td>2</td><td>核设施所在市、町、村沿岸在内的海啸预报区内发布大规模海啸警报时</td></tr>
<tr><td>3</td><td>东海地震预知信息或是东海地震提醒信息发布的情况</td></tr>
<tr><td>4</td><td>现场总指挥认为核设施发生重要故障有必要进入警戒状态</td></tr>
<tr><td>5</td><td>非核反应堆设施事件可能对核反应堆设施产生影响的情况，厂长或代理厂长判断启动警戒总应急指挥部</td></tr>
<tr><th colspan="2">场区应急的 EAL</th><th>应急响应措施</th></tr>
<tr><td>1</td><td>厂区边界附近监测到的放射性剂量水平或放射性物质浓度数据超出《原灾法》第 10 条可通报准则以上的情况。（除向厂区外运输的情况）</td><td rowspan="2">做好 PAZ 内居民撤离的准备，以及进行早期需要实施的居民撤离的防护行动</td></tr>
<tr><td>2</td><td>其他由非核反应堆设施引起的事件可能对核反应堆设施产生影响，导致放射性物质向场外释放或可能释放，发生需要开始准备应急防护行动和执行部分防护行动的事件</td></tr>
<tr><th colspan="2">总体应急的 EAL</th><th>应急响应措施</th></tr>
<tr><td>1</td><td>核设施厂区内监测到放射性物质或辐射剂量水平超出《原灾法》第 15 条规定值（除向厂区外运输的情况）</td><td rowspan="2">对 PAZ 内的居民采取撤离等防护行动的同时，UPZ 以及（根据必要）UPZ 以外很远区域，开始为放射性物质释放后采取防护行动做准备。放射性物质释放后，根据测量的空间辐射剂量率等实施防护行动</td></tr>
<tr><td>2</td><td>其他由非核反应堆设施引起的事件可能对核反应堆设施产生影响，导致放射性物质向场外异常释放或可能释放，发生核设施周围的居民有必要开始撤离的事件</td></tr>
</table>

表 3-5 OIL 与防护行动

	种类	准则的来源	缺省值①	防护行动的概要
紧急防护行动	OIL1	为了避免来自地表的照射、再悬浮放射性物质的吸入，以及意外的摄入导致的受照影响，能使居民等在数小时内可以进行撤离和隐蔽等活动的准则	500 μSv/h（地上 1 m 测到的周围剂量当量②）	数小时之内按防护目的划分区域，实施撤离等措施（含行动不便人员的临时隐蔽等）

续表

<table>
<tr><th></th><th>种类</th><th>准则的来源</th><th colspan="3">缺省值①</th><th>防护行动的概要</th></tr>
<tr><td rowspan="2">紧急防护行动</td><td rowspan="2">OIL4</td><td rowspan="2">为了防止意外途径的摄入、皮肤污染等引起的外照射，而采取的去污的准则</td><td colspan="3">β线：40 000 cpm③（距皮肤数厘米的探测器的计数）</td><td rowspan="2">根据撤离基准对撤离人员进行污染检测，对于超出准则的人员进行去污作业</td></tr>
<tr><td colspan="3">β线：13 000 cpm④一个月后的值（距皮肤数厘米的探测器的计数）</td></tr>
<tr><td>早期防护行动</td><td>OIL2</td><td>为了防止来自地表的辐射，再悬浮放射性物质的吸入以及意外的摄入导致的受照影响，要进行“土特产”⑤的食入限制的同时，使居民临时避迁一周的准则</td><td colspan="3">20 μSv/h（地面以上 1 m 处测量到的周围剂量当量②）</td><td>1 日内按防护目的划分的区域内，限制土特产的摄入同时，实施 1 周的临时避迁</td></tr>
<tr><td rowspan="6">饮用水和食品摄取限制⑨</td><td>饮食相关的检测准则</td><td>OIL6 作为判断饮用水和食品摄入限制的准则，是应该测定饮用水和食品中的放射性核素浓度的地区的准则</td><td colspan="3">0.5 μSv/h⑥（地面以上 1 m 处测量到的周围剂量当量②）</td><td>数日内按照防护目的确定饮用水和食品中放射性核素浓度的测定区域</td></tr>
<tr><td rowspan="5">OIL6</td><td rowspan="5">为了防止因照射途径引起的受照影响，采取的饮用水和食品的摄取限制时的准则</td><td>核素种类⑦</td><td>饮用水、牛奶与乳制品</td><td>蔬菜类、肉、蛋、鱼以及其他</td><td rowspan="5">一周内按照防护目标进行饮用水和食品中放射性核素浓度的测量与分析，超出准则的饮用水和食品快速实施摄入限制</td></tr>
<tr><td>放射性碘/Bq/kg</td><td>300</td><td>2 000⑧</td></tr>
<tr><td>放射性铯/Bq/kg</td><td>200</td><td>500</td></tr>
<tr><td>钚以及超铀锕系元素/Bq/kg</td><td>1</td><td>10</td></tr>
<tr><td>铀/Bq/kg</td><td>20</td><td>100</td></tr>
</table>

注：①“缺省值”是指应急状态早期应用的 OIL 值，当地面沉积的放射性核素组成明确时，应根据需要对 OIL 进行修订。

② 当前的值为距地面 1 m 的周围剂量当量。根据实际的应用，考虑到空间剂量计数器的设置场所与地面 1 m 处的剂量率之间误差，有必要对判断准则值做一个修正。

③ 日本广泛使用 β 的吸收截面为 20 cm² 的探测器的计数率，相当于表面污染密度为 120 Bq/cm²。使用其他探测器进行测量的情况下，对于计数率来说，比表面污染密度更重要的是入射窗口面积和探测效率。

④ 同注③，相当于表面污染密度为 40 Bq/cm²。当探测器的探测方法不同情况下，进行计数率换算。

⑤“土特产”是指由于放射性物质释放直接污染当地野外生产的食品，在数周内被耗尽（例如，蔬菜或食本地牧草而产出的牛奶）。

⑥ 考虑到时效性，该量为场所的天然本底值。

⑦ 含其他核素设定必要性的研讨。可参考 IAEA 的 GSG-2 中的 OIL6 来设定。

⑧ 除根菜和芋类的蔬菜。

⑨ 为了使 IAEA 中的 OIL6 相关饮用水和食品摄入控制准则能够有效进行，直到开始测量饮用水和食品中放射性物质浓度，要进行临时的饮用水和食品摄入控制的同时，大范围实施饮用水和食品中放射性核素检测的地区设定的 OIL3，为了测量专门设定了检测准则 OIL5。但对于 OIL3 来说，IAEA 现行发行物中关于周围剂量当量的测量结果与暂定的饮用水和食品的摄入控制之间的关系未必明确，并且 OIL5 对于日本政府来说，根据核素种类可以比较容易地进行浓度测量，因此为了确定放射性核素浓度测量的区域，作为基准设立了“相关食物筛查准则”。

3.3.2　核事故应急计划区的范围

核事故应急计划区划分的基本原则是根据各核设施固有风险与事故发生时潜在影响程度，按各核设施独自设定。根据核设施类型，核事故应急计划区的范围推荐值如下：

当处于同一厂址所有的核设施应急计划区范围相同的情况下，可以确定该核设施营运单位的应急计划区。

3.3.2.1　发电反应堆

根据国际准则和东京电力公司福岛第一核电站事故的经验，发电反应堆应急计划区规定如下：

（1）预防行动区（Precautionary Action Zone，PAZ）

PAZ 是指为避免或减小场外严重确定性效应、做好撤离准备，在核电厂周围对核或辐射事件中采取的紧急防护行动已做出应急安排的区域。该区域内的防护行动应基于核电厂的主导状况，在放射性物质释放或照射之前或之后不久采取。发电反应堆 PAZ 的具体范围，参考 IAEA 准则中距核设施 3～5 km 范围，选择 5 km 作为推荐值。

应根据参考事故的规模等主要因素，在研究的基础上不断完善以便能够采取迅速有效的防护行动。

（2）紧急防护行动计划区（Urgent Protective Action Planning Zone，UPZ）

UPZ 是指在核或辐射应急情况下采取紧急防护行动，以降低场外公众剂量已做好安排的核电厂周围区域。这一区域的防护行动要根据环境监测结果（或适当时，根据核电厂的主导状况）来实施。UPZ 的具体范围，也是参考 IAEA 准则中距核设施 5～30 km 范围，选择 30 km 作为推荐值。

应根据参考事故的规模等主要因素，为能够采取迅速有效的防护行动，在研究的基础上不断改进这一目标值。

根据《规制法》第 43-3 条第 34 款第 2 项，经原子力监管委员会批准退役的反应堆，且乏燃料组件已经被认可得到“充分冷却”，其核事故应急计划区的范围推荐为距反应堆大约5 km，该核事故应急计划区统称为UPZ。

3.3.2.2 研究堆

研究堆应急计划区范围划分如下，应急计划区称为UPZ。

- 研究堆稳定运行情况下的最大热功率对应的应急计划区范围大小如表3-6所示。

表3-6 最大热功率对应的应急计划区范围大小

热功率最大值/MW	应急计划区范围（半径）/km
热功率大于10，小于100	5
热功率大于2，小于10	0.5

3.3.2.3 加工设施

（1）铀加工设施

铀加工设施（只进行浓缩或再转化的核设施，且铀-235 处理量小于0.008 TBq除外）应急计划区的范围按照如下划分，称为UPZ。

- 应急计划区的范围，根据核燃料物质（严格按照质量控制、形状控制、几何学安全来防止临界状态，不含静态贮存的核燃料物质）不规则形状（溶液状、粉末状、气体状）、不确定状态（物理的、化学的）下连续操作过程中按照最大处理量合计给出以下范围（见表3-7）。

表3-7 最大处理量对应的应急计划区

最大处理量	应急计划区（半径）/km
铀-235 处理量大于等于0.008 TBq的加工设施	5
铀-235 处理量小于0.008 TBq的加工设施	1
距离厂区边界小于0.5 km的铀-235 处理量小于0.008 TBq的加工设施	0.5

（2）钚加工设施

日本原燃株式会社后处理厂设置的 MOX 燃料加工设施的核事故应急计划区范围是距离该设施半径大约 1 km，核事故应急计划区称为 UPZ。

3.3.2.4　后处理设施

国立研究开发法人日本原子力开发机构核燃料循环工学研究所和日本核原燃株式会社后处理设施相关的应急计划区的范围是距该设施约 5 km 半径范围，称为 UPZ。

3.3.2.5　其他核设施

以下设施不设定应急计划区：

① 已批准退役的且所有的燃料棒都移除的发电反应堆或研究堆，或发电反应堆或研究堆设施内所有的燃料都进行了干式贮存；

② 热功率（在规定的热功率条件下稳定运行）小于 2 MW 的研究堆核设施；

③ 浓缩或再转化铀加工设施，且铀-235 的处理量小于 0.008 TBq；

④ 乏燃料贮存设施（只限于乏燃料干式贮存设施）、废物掩埋设施、废物管理设施。

3.3.3　制定核事故应急计划区注意事项

地方政府在制定各地方防灾计划（原子力灾害对策篇）时，根据 3.3.1 和 3.3.2 需划定应急计划区。为在应急计划区内能够快速有效地实施防护行动，划定时要征求应急计划区范围内市、町、村的意见，将上述 PAZ 和 UPZ 的推荐值作为指导，根据地形、行政区划等地区内特有的自然和社会环境以及设施特征进行划定。

被 UPZ 所覆盖的地区，可能跨越多个道、府、县，因此国家有必要积极主动干预，协调区域内的响应，并在多个道、府、县之间进行协调。

同一厂址内有多个核设施的情况下，应根据发生事故的核设施的应急状态实施防护行动。

3.3.4 无须划定核事故应急计划区的核设施所在地方政府的职责

如果核设施内设置的所有核设施都符合上述 3.3.2.5，则该核设施所在的地方政府（根据区域的实情，覆盖邻近的市、町、村以及同一市、町、村的道、府、县）其应急状态下的防护行动职责如表 3-3 所示。地方政府应考虑场区内可能发生的必须采取防护行动的事件，平时就应建立框架，将以下内容纳入到地方防灾计划（原子力灾害对策篇）中，包括与国家和核设施营运单位的联络、快速向居民提供信息、开展应急监测等核设施周围区域的响应措施。

3.4 核设施营运单位的应急准备

核设施营运单位依据《规制法》《原灾法》等文件，日常应做好核事故预防措施，不仅如此，当核设施周围出现放射性物质释放或可能释放的情况下，还要做好防止核事故演变成严重事故和防止严重事故进一步扩大的准备。核设施营运单位制定核事故应急计划的同时，对员工进行培训和演练，以便在应急状态下采取适当的应对措施。此外，还需建立场内外的协调机制非常重要。

核设施营运单位的主要职责是及时、准确地向国家和地方政府报送核设施异常状态信息。根据设施的特性，为场外应急监测以及个人剂量评估提供场内监测信息。因此，核设施营运单位应根据核设施特性配备核设施异常状态和核设施内外辐射水平监测设备。此外，需要预先确定信息报送责任人、联系地址、联系方式和联络设备等，确保能够及时、频繁地传送重要的信息。

3.5　维护应急情况下向居民提供信息的机制

常态下针对应急情况建立居民沟通机制，确保在应急情况下能够向居民快速、易懂、准确地向居民传送行动相关的指令和异常情况信息。此外还要充分考虑如何传达至需要照顾的人员和临时居民。

具体做法是，地方政府在地方防灾计划（原子力灾害对策篇）中预先明确信息传达的负责人和实施人。同样需要建立一个向定点区域或居民点的负责人和某一居民快速、准确传达信息的机制。为此，日常就要做好提供相关信息的准备工作，包括应急联络机制，应急监测结果的解释方法，居民撤离路线和安置场所，医疗机构地点，防灾活动的程序等。还要配备传达信息的必要设备。

应急时为了能够使传达的信息得到快速理解，平时就要研究通俗易懂的信息传达方式（包括用语的标准化和通俗化），促进受众的快速理解。此外，通过媒体等提供的信息也很有效，因此，日常要建立相关机构之间协作与合作机制。

宣传报道人员应由掌握专业技能的人来担任，且平时要通过不断学习提高宣传报道专业能力。

3.6　完善应急监测体系

3.6.1　应急监测目的与准备

应急监测的目的是收集核事故引起的环境辐射状况信息，为基于 OIL

的防护行动的实施提供依据，为核事故对居民和环境的辐射影响提供评价依据。为此，通过应急监测来掌握时间和空间上的连续监测数据。尤其是，应急状态下，要适时掌握因周围放射性物质引起的空间辐射剂量率、大气中放射性物质浓度以及环境样品中放射性物质的浓度等数据，同时与国家、地方政府和核设施营运单位共享。以上数据也是居民和应急响应人员采取防护行动的主要判据。

因此，作为事前准备，要做好快速应急监测计划，同时还要考虑因灾害的各种因素导致的监测人员和器材不足，采取措施防止应急监测功能受损。

应适当开展常规监测（空间辐射剂量率、大气中放射性物质浓度、环境样品中放射性物质浓度），以有助于应急状态下评估核设施释放的放射性物质对周边环境的影响。

3.6.2 国家、地方政府以及核设施营运单位的职责

在应急监测过程中，国家、地方政府以及核设施营运单位有着共同的目的，承担着各自职责的同时还需合作并适时互补。国立研究开发法人日本原子力研究开发机构和国立研究开发法人量子科学技术研究开发机构（以下简称“指定公共机构”）作为专门机构支持国家、地方政府以及核设施营运单位的应急监测。

国家统筹应急监测，制定实施方针，编制应急监测实施方案和动员方案，指导和综合协调，收集和公布数据，评估结果，并根据事态发展修订实施方案，并对海域和空域等开展监测。

地方政府根据当地实情，制定应急监测计划，在核事故应急计划区内实施应急监测。在国家的技术指导下，日常也要做好常规监测。

核设施营运单位提供释放源项信息，配合做好设施周边等地区的常规监测和应急监测。

3.6.3　应急监测中心

为了能够使国家、地方政府和核设施营运单位协同开展应急监测，国家在核设施所在地区建立了应急监测中心，集约了应急监测必要的功能。应急监测中心主要由国家、地方政府、核设施营运单位和指定公共机构的人员组成。该中心由国家指挥，当国家指定的负责人不在时由地方政府代理指挥。为了确保在应急期间组织机构顺利运作，应急监测中心的参与者日常工作中就要通过定期的联络会议、培训和研修等方式，加深沟通，努力提高监测质量。为了能够使应急监测中心和核事故现场总指挥部之间密切合同，政府原则上将应急监测中心的规划协调和信息收集相关职能设立为“场外应急指挥中心”（见本章第 3.9 节中描述的“场外指挥中心”），同时配备与地方政府共享信息所需的通信设备。

3.6.4　应急监测计划和监测实施方案

地方政府与国家、核设施营运单位和指定公共机构合作，预先制定应急监测计划。

国家参照相关地区的应急监测计划做好信息收集准备，以便应急时能够直接制定应急监测实施方案。在应急监测实施方案中包含根据事故状态的具体实施内容和实施主体。

国家在制定应急监测实施方案前，为早期响应和应对应急监测的扩大化及长期性，应预先制定人员和器材调用计划。

3.6.5　制订应急监测实施体系

国家、地方政府、核设施营运单位和指定公共机构应维持应急监测体系和适当精度的监测能力，以便应急监测结果可用于与 OIL 比对并采取防护行动。

此外国家将建立应急监测结果汇总、相关方之间快速共享和发布的体系。

3.6.6 阶段性的应急监测

应急时的监测大体分为三个阶段：早期监测、中期监测、恢复期监测。

（1）早期监测

早期监测是在早期响应阶段实施的行动。

国家、地方政府和核设施营运单位，在警戒状态下就要做好应急监测的准备。

场区应急状态下，国家启动应急监测中心。国家、地方政府和核设施营运单位，在应急监测中心的指挥下，迅速开展应急监测。其结果与 OIL 比对，用于防护行动的判断。早期监测项目要优先考虑作为防护行动判据的监测项目，早期监测项目具体如下：

① 以核事故应急计划区为核心的空间辐射剂量率和大气中放射性核素浓度（放射性惰性气体、放射性碘核素）；

② 环境样品中的放射性核素浓度（放射性碘，放射性铯，铀，钚，超铀元素的 α 核素等）；

③ 大范围的空间辐射剂量率以及放射性核素的浓度。

（2）中期监测

中期监测是中期响应阶段实施的监测。其结果用于评估和确认放射性物质对周围环境的影响，评估个人的受照影响、判断各种防护行动的实施与解除，以及风险评价等活动。中期监测在上述早期监测项目基础上适当扩充，估算居民受照剂量。

（3）恢复期监测

在恢复阶段，即使在事故结束后也要进行恢复期监测。详细内容见本书 5.2 节。

今后，有必要对中期监测和恢复期监测开展进一步研究。

3.7　完善核事故情况下的医疗体系

核事故的医疗响应（以下简称“核事故医疗”），除了要考虑常规的急救医疗、灾害医疗之外，还要考虑放射病医疗。也就是说，必须考虑受照剂量、辐射影响的范围、污染的可能性等，快速、准确地向灾民提供必要的医疗服务。为此，各医疗机构结合各地区实际情况，发挥各自的作用（分诊、急救、去污、甲状腺辐射剂量监测防护指导、健康咨询、向急救站和安置点派遣医护人员、与邻近地方政府的急救/救灾医疗机构合作等），急救与救灾医疗机构在日常就要建立放射病医疗应对准备和指挥体系。

重要的是，在核事故应急情况下，应急计划区内道、府、县（以下称为“当地道、府、县”）的医疗机构，能够在大区域范围内协同应对。

核事故医疗的特殊性之一是在实践中需要掌握基本的放射医学基本知识和技术，因此需要开展教育、培训和训练等必要的活动。

建立能够记录和管理内照射测量结果的体系以做好长期健康管理。

3.7.1　核事故医疗的实施体系

国家和当地道、府、县等需建立核灾害医疗体系，包括承担上述职责的医疗组织机构。

（1）国家

国家对承担以下职责的医疗机构规定授权或注册的必要条件（以下简称“必要条件”），并定期开展评估。

① 核事故定点处置医院（以下简称“定点医院”）

定点医院是指核事故发生时，作为受灾地区核事故医疗中心的医疗机构，无论是否受到污染，都要接收伤病员并提供适当的医疗服务。应对受照或疑似受照者（以下简称“受照者等”）进行适当的诊疗。此外，还将组建核事故医疗派遣队，在发生核事故的当地道、府、县内提供紧急医疗服务。

② 核事故医疗合作机构（以下简称“合作机构”）

合作机构是指在发生核事故时，协助当地道、府、县和定点医院开展核事故医疗应对的机构，包括为受照者提供初步诊疗和急救服务的机构，并协助开展居民受照筛查和去污筛查等工作。

③ 核事故医疗与综合支援中心

核事故医疗与综合支援中心是在核事故期间协调核事故医疗派遣队的派遣和支援活动的机构，该中心自行组建核事故医疗队，并在平时与全国范围内的相关医疗机构建立联系网络。

④ 高级辐射医疗支援中心

高级辐射医疗支援中心是在核事故发生时提供高级专业辐射医疗的机构，对于定点医院无法应对的，以及难以清除、可能发生二次污染的受照者提供高级专业的医疗服务，同时向定点医院等派遣能够提供必要医疗支援和建议的专家队伍。

⑤ 特级辐射医疗支援中心

特级辐射医疗支援中心指在高级辐射医疗支援中心中起到核心引领作用的机构，除高级辐射医疗支援中心的作用外，该中心能够针对特别严重的受照伤员进行医学处理，并在这些领域开展专业研究和人才培养。

国家会根据“必要条件”对核事故医疗与综合支援中心和高级辐射医疗支援中心进行资格认定。当多家机构被认定为高级辐射医疗支援中心时，指定其中一个机构为“特级辐射医疗支援中心”。根据“必要条件”对高级辐射医疗支援中心以及核事故医疗与综合支援中心大约每三年进行一次资格审查。当有其他医疗机构满足“必要条件”时，国家充分考虑全国医疗机构部署状况，重新认定。

（2）当地道、府、县

当地道、府、县根据国家“必要条件”对定点医院和合作机构进行整备，预先做好授权或注册工作。大约每三年对定点医院和合作机构进行一次符合“必要条件”的确认工作。

当地道、府、县应预先确定定点医院的职责，并与当地道、府、县、定点医院、合作机构、核事故医疗与综合支援中心、高级辐射医疗支援中心（特级辐射医疗支援中心）进行沟通，并根据各区域特性确认伤病员的运送程序。

当地道、府、县要考虑叠加自然灾害的复合灾害，选择熟悉急救医疗、灾害医疗，且熟悉放射病医疗的行政管理者作为核事故医疗协调员，在当地道、府、县的地方应急指挥部内设置以核事故医疗协调员为首的多人小组。

当地道、府、县应建立一个机制，由核事故医疗协调员与地方应急指挥部、国家核事故现场总指挥部、核事故综合医疗支援中心进行协调，提前建立行政区内外核事故医疗派遣小组派遣地点和伤病员运送的决策体系。

当地道、府、县应建立具备辐射医疗相关专业知识的医生能够远程指导体系。

当地道、府、县应储备能够应对核灾害医疗的基础物资器材、设备，并能够对这些物资器材进行盘点和校准。

在应急情况下针对应急撤离清退、简单去污、甲状腺剂量筛查，需要大量的人员和设备，因此，当地道、府、县在常态下要做好响应体系的建立。

（3）核设施营运单位

场区内有伤员时应能够进行早期响应。

需提供必要的人员和相应的物资器材以进行应急撤离清退、简单去污、甲状腺剂量筛查。

3.7.2　核事故医疗相关人员的培训和演练

（1）国家

应对当地道、府、县、定点医院，核事故医疗与综合支援中心、高级辐射医疗支援中心（特级辐射医疗支援中心）进行的培训和演练提供支援。

（2）核事故医疗与综合支援中心

应对核事故医疗小组队员开展培训。

（3）高级辐射医疗支援中心（特级辐射医疗支援中心）

对定点医院、合作机构进行专业的教育培训。

当被认定为特级辐射医疗支援中心时，要对核事故医疗与综合支援中心和高级辐射医疗支援中心进行高级专业的培训。

通过派遣讲师等方式，为当地道、府、县定点医院、核事故医疗与综合支援中心和高级辐射医疗支援中心的培训和演练提供支持。

当地道、府、县与核事故医疗与综合支援中心合作，针对定点医院、核事故医疗与综合支援中心和其他高级辐射医疗支援中心的培训，提供培训课程与教材，培养可以开展培训的讲师。当被认定为特级辐射医疗支援中心时，要支援以上培训内容。

（4）当地道、府、县

针对当地道、府、县内的核事故医疗相关从业者，进行基础的培训；

针对当地道、府、县内的核事故医疗相关从业者，进行针对复合灾害导致大量伤病员的医疗救治开展培训和演练；

针对在核事故期间负责应对灾员的工作人员进行心理疏导和风险沟通方面的教育和培训。

（5）定点医院

针对当地道、府、县内合作机构的主要人员进行定期的基础知识培训，或对当地道、府、县内开展的培训给予全力支持。

3.7.3 稳定碘剂的分发和服用体系

（1）关于服用稳定碘剂

放射性碘一旦进入人体，就会累积到甲状腺内，经过数年或数十年可增加甲状腺癌发生的风险，年龄越小风险越高。适时服用稳定碘剂，可以预防或减少放射性碘对甲状腺的内照射。因此，存在放射性碘甲状腺内照射的风险时，应做好适时服用稳定碘剂的准备。

在完善体系过程中，要充分反映最新的相关法律制度和技术的同时，要关注以下几点：

① 事先告知服用目的和效果、服用时间和优先服用的对象等；

② 应优先服用的对象为孕妇、哺乳妇女及未成年人（包括婴幼儿）；

③ 地方政府为了应对服用后产生的副作用，预先请求当地周边医疗机构协助接收引发副作用人员，同时应致力于完善医疗体系，如紧急情况下医生观察服用者的健康状况，必要时可以进行紧急转移等；

④ 为持续改进，常态下通过演练等方式验证或评估分发和服用方法的有效性。

（2）预先分发方法

在应急计划区的 PAZ 内，如果应急状态达到总体应急时，需要立刻开展预防行动，如撤离。在撤离过程中，为了能够适时、顺利地服用稳定碘剂，地方政府根据以下几点进一步完善预先向居民发放稳定碘剂的体系。

① 地方政府预先分发稳定碘剂应考虑放射性碘对甲状腺产生的内照射以及造成的健康影响随年龄差异。

② 地方政府购买用于预分发的稳定碘剂，并在公共设施内（如办公楼、保健站、医疗机构、药房、学校等）进行管理。

③ 地方政府为提前发放稳定碘剂，应向居民召开说明会。在说明会上，由医生说明稳定碘剂的分发目的、效果、服用指南及其联系方式、分发后的储存方式、服用时间、优先服用的人群、不良反应等注意事项，并随说明书一起分发稳定碘剂。

④ 地方政府可以要求药剂师在说明会上协助医生，以便顺利分发。

⑤ 对于不能参加说明会的居民，地方政府有必要采取措施，让居民前往相关公共场所和医疗机构得到医生说明，在得到说明后才能领取稳定碘剂。

⑥ 地方政府在定期向居民召开说明会的前提下，根据当地实际情况，

经与当地医师协会和药剂师协会协商，也可以对药剂师协会会员所属药店进行授权，经授权后该药店可发放稳定碘剂。

⑦ 对因行走困难等不得已的情况无法参加说明会的人员可由其家属等代收，地方政府应确认告知相关对象说明内容且将说明书发放后再分发稳定碘剂。

⑧ 在分发或代领时，地方政府应明确不要转让给其他人，并通过调查问卷和问诊等方式确保掌握应优先服用的人群。

⑨ 地方政府应储备备用稳定碘剂，以便额外发放给因丢失稳定碘剂等原因未能携带稳定碘剂的居民及临时滞留人员等。

⑩ 如有转出或转入人员，地方政府应尽快回收或分发稳定碘剂。应预先规定管理稳定碘剂更换时间和过期制剂的可靠回收方法，并加以实施。

（3）预先分发以外的分发方法

进入总体应急后，在 UPZ 内需要根据机组状态和空间辐射剂量率等信息实施撤离等防护行动。因此，要考虑以下几点建立一个在实施撤离等防护行动的同时服用稳定碘剂的机制。

① 地方政府预先分发稳定碘剂外的其他分发也应考虑放射性碘引起的甲状腺内照射及其对健康影响随年龄的差异。

② 地方政府，购入稳定碘剂以备不时之需，制定撤离时向学校和社区等分发稳定碘剂的程序，并妥善存储在适当的场所。

③ 稳定碘剂的分发和服用原则上应由医生参与。但如果医生因时间限制或其他原因无法参与，可寻求药剂师的协助，并视情况以适当方式分发和服用。

根据 EAL 的设定，对于与 PAZ 一样可能需要实施预防性临时撤离地区，在撤离时学校和社区难以接收稳定碘剂的地区，如果地方政府认为需要预先分发，则可以采用上述向 PAZ 内居民预先分发程序来进行分发。

3.8　日常向居民提供信息

鉴于核事故的特殊性，为了居民能够按照国家核事故应急总指挥部和地方政府灾害应急总指挥部的指令顺利行动，应在日常向核设施周围应急计划区内的居民提供必要的信息。第 3.3.2.5 节所述的不需要设定应急计划区的核设施营运单位所在地方政府，对当地居民也需要根据核设施的特性提供必要的信息，以应对在设施场所内可能发生的需要采取防护行动的事件。

3.8.1　放射性物质和辐射特性

每个核设施中处理的放射性物质以及辐射有关的基础知识（包括低剂量照射的健康影响、撤离清退检查、甲状腺照射剂量筛查的目的和一般辐射防护方法相关的知识）。

3.8.2　核设施营运单位概况

概述核设施事故预防机制，正常和应急情况下的环境辐射监测机制（含日常监测结果）等。

3.8.3　核事故及其特性

给出放射性物质照射形式、辐射影响和避免受照的方法。

3.8.4　核事故发生时的防护行动

包括应急情况下的通知联络制度，应急监测结果的解释方法，居民的撤离路线和安置场所，医疗机构的位置，去污、防止污染和服用稳定碘剂的注意事项及防护行动的程序。

关于与居民共享信息的具体方式和详细内容，今后将由原子力监管委员会研究，纳入本书。

3.9 场外应急指挥中心的建立

场外应急指挥中心指当核事故发生时，在现场为国家核应急指挥部和地方灾害应急总指挥部提供办公的场所，如组织核事故联合应对协商会，共享信息，共同提出核事故响应一致对策等。场外应急指挥中心的位置根据 PAZ 和 UPZ 的范围大小来确定，有一定的辐射屏蔽功能，可与地方政府紧密联系，建立冗余设施以及多元化的通信设备，以确保即使事态发展到更严重时也能够迅速启动响应机制，维持响应功能。场外应急指挥中心应在日常情况下做好应急物资管理，通信设备维护，并通过（包括核事故专员在内的）定期召开核应急相关人员的联络会议和应急演练来保持相关人员的密切联络与协调。国家认证场外应急指挥中心时，关于该中心能够结合当地实情执行应急响应功能要听取地方政府的相关意见。

除场外应急指挥中心外，核设施营运单位应根据核设施特性，在适当地点预先建立物资与志愿者接受中转站，必要时具备临时搭建中转站的能力。

3.10 各项设施的配备

为了恰当实施核事故响应行动，必须做好应急物资器材的配备。

具体来说，由于辐射影响不一定会立即显现，因此必须配备用于各种情况的辐射监测设施设备，同时应建立根据监测数据分析大范围辐射影响并进行撤离等行动决策的支持系统，以及与当地居民、有关机构和核设施营运单位快速准确地共享信息和措施的基础设施。

要考虑这些设备和器材抵御地震等自然灾害的能力。另外，考虑到可能在辐射环境中工作，有必要对防护器材进行整备。

从保护居民生命健康以及人身安全角度出发，为了能够对大量受灾人员迅速采取防护措施，为受照人员和撤离人员准备急救和灾害救援的医疗物资，需要考虑以下几点进行相应的配备。

① 包含灾害应急联系人的联络网（包括联络网的更新）；

② 灾害情况下也可以利用互联网进行图像传输的设备；

③ 复合灾害下也可以使用的信息网络和信息联络设备。

与一般的灾害应急一样，核事故应急响应需要做好撤离路线、运输手段和安置场所的准备。

3.11　完善预防灾害的相关资料

为顺利实施核事故应急计划，相关机构应根据各自业务制定相应的应急计划。国家、地方政府、核设施营运单位需要事先准备必要的资料，以备核应急之需。这些资料包括组织体系、社会环境、放射性物质或辐射影响估算等方面的资料，并保存在预先确定的位置。场外应急指挥中心也要常备与相关机构共享的资料。所有资料都应使用不受电源中断影响的媒介和其他方式进行保存，并且需要确保资料的实效性，为此，需要建立相应的机制。

3.12　核事故应急响应人员的核应急准备

3.12.1　辐射防护目标

事故应急响应工作人员中，对于受《防止电离辐射危害条例》（1972

年劳动部令第 41 号）等规定约束的应急工作人员，其所属组织应确保其受照剂量不超过相关法律法规规定的值。

对于不受上述法规约束并在可能受到辐射照射的环境下从事应急响应的人员，应由其所在组织根据其活动内容，制定辐射防护目标。当该组织应邀参与应急响应时，其辐射防护目标的制定应根据需要与提出请求的组织进行协商。在制定辐射防护目标时，以辐射工作人员的常规照射限值为基础，仅在进行生命救援等紧急不得已的活动时，参考应急工作人员的照射限值来执行（不含特殊应急照射限值）。

3.12.2　防护装备的配置

国家、地方政府、核设施营运单位和“指定公共机构”，应为有可能暴露在辐射环境下从事应急响应工作的人员预先配置与其活动内容相符合的防护装备（如直读式个人剂量计、防护面罩、防护服等）、运输工具和联络工具。在民营企业申请参与应急响应时，提出请求的单位需要做好必要的准备，确保从事应急响应的人员能够及时使用防护装备。核设施营运单位应根据需要考虑租赁防护装备等措施，确保准确顺利地实施应急响应。

3.13　核应急响应人员的培训和演练

为顺利有效地实施核事故应急响应，很重要的一点是，应急响应人员在各种假想事故情况下熟练掌握各自业务，并开展应急响应相关业务的培训和演练。有必要通过培训和演练营造“安全文化”的组织文化，并持续保持和提升。

在这种情况下，从核设施营运单位的管理层到现场工作人员和利益相关方，以及监管机构的国家相关人员，都应再次认识到安全至上的重要性，并培养其对本组织“安全文化”的理解以及持续保持和提高安全文化的态度。

3.13.1　培训

应急响应人员所属的单位，要对其应急响应人员进行责任范围、任务内容、程序、辐射防护目标、个人防护行动等方面培训。应急情况下负责早期响应的组织应对其相关人员，特别是核设施营运单位现场的所有工作人员，进行事故早期响应的相关培训。这些培训可以通过灵活应用国家、地方政府和“指定公共机构”的核事故应急响应课程，学习其他专业领域的应急响应机制，借鉴其他国家的应急响应机制等。

3.13.2　演练

演练的目的是使核应急相关人员认识到假想事故情景和实际操作之间的差异。通过演练，可以检验应急计划、设施设备和器材的功能、响应的准备情况、应急人员的判断能力等的有效性，同时可以完善核事故预防机制。应持续完善核事故预防机制，使其在复合灾害和大面积污染、长期释放的情况下也能发挥作用。

演练过程中，为了提高核事故应急响应各要素的熟练程度，确保 PAZ 及 UPZ 范围内居民等相关方之间的协作，有必要进行综合性的防灾演练。应制定针对假想复合灾害和严重事故的演练计划，尽可能开展近似实际的防灾演练，同时制定考虑各种事故的多方面的演练计划。演习结束后应对其评估以进行必要的改进，从而进一步完善核事故预防机制。

演练过程中，应考虑核事故和一般灾害的共性，并注意与一般灾害应急响应的协同。

第4章

核事故应急响应

统一指挥，大力协同。

4.1　应急响应的基本原则

核事故情况下，需要根据有限时间内获得的高度可靠的信息，准确、迅速地对居民采取防护行动。此时，基于可观测的数据，根据事态情况采取相应的防护行动。在多核设施厂址或是多业主的应急计划区重合区域内，要根据发生异常事故核设施的应急状态来确定防护行动。

4.2　异常状态的掌握和应急响应

核设施周围存在放射性物质异常释放或可能释放的情况时，首先，核设施营运单位要根据核设施状态进行应急状态的判断，并将应急状态向国家和地方政府报告。报告时，核设施营运单位提出根据应急状态需采取相应防护行动的建议。国家和地方政府根据核设施营运单位的报告，按照表 3-1～表 3-3 以及图 3-1 所示的以下流程，采取应急响应行动。

① 接到核设施营运单位报送的警戒状态或是场区应急的情况报告后，为总体应急做准备，并向居民提供信息。

② 接到核设施营运单位进入总体应急状态的报告后，原则上对 PAZ 内所有居民以及根据核设施状态对 UPZ 内部分区域居民采取撤离等预防行动。

③ 核设施释放的放射性物质明显超出或可能超出正常水平的情况下，根据设施状况和放射性物质的释放情况，在实施预防行动之外的区域采取隐蔽行动。

④ 随后，根据应急监测结果等，对实施预防性防护行动以外的其他区域，采取撤离、避迁、饮用水和食品控制等防护行动。

在应对上述异常情况时，即使无法获得核设施营运单位详细的设施状态和放射性物质释放情况的信息（释放量、核素组成、持续时间等），也要基于有限的信息，迅速作出应急状态的判断并进行报告。作为国家指定的公共机构，日本原子力研究开发机构、量子科学技术研究开发机构以及其他相关机构和其他核设施营运单位，应调配相关专家、工作人员、应急物资和设备，积极配合核事故应急响应行动。

4.3 实施应急监测

4.3.1 应急监测的准备及早期响应

国家、地方政府、核设施营运单位以及“指定公共机构”，在警戒状态下要做好实施应急监测的准备。

场区应急状态下，国家将在地方政府的配合下启动应急监测中心，根据调用计划提出调配申请，开展应急监测等早期响应行动。届时，国家将向集结的应急监测人员提供事故信息。

4.3.2 制定应急监测实施方案

国家需要根据核设施周围居民的居住分布和地形情况，统筹管理各领域的应急监测，及时制定应急监测实施方案。

国家将根据事态发展随时修订应急监测实施方案，地方政府、核设施营运单位和“指定公共机构”将配合修订。如果由于受灾情况严重不能进行全面监测，国家需要根据实际情况策划替代方案，并反映到应急监测实施方案中。关于应急监测的长期化和扩大化，应按照预先设定的调用计划实施。

4.3.3 实施应急监测

国家、地方政府、核设施营运单位以及“指定公共机构”，基于应急监测实施方案，在应急监测中心的指挥下，开展应急监测。早期监测的重点是测量空间辐射剂量率，作为与 OIL 比对进行防护行动判断。还要测量空气中放射性物质的浓度，主要是放射性碘。

核燃料设施，根据事故状况测量空气中放射性物质的浓度，主要是 α 核素。之后逐步扩展测量对象。

由事故核设施营运单位对核设施释放的放射性物质浓度以及场区边界的空间辐射剂量率等进行监测，并向应急监测中心报告监测结果。

应急监测中心根据灾害情况，重点筛选优先监测对象，以确保人员、物资和设备的有效利用。

4.3.4 应急监测结果

应急监测中心对应急监测结果进行有效性的研判后，由国家统一汇总，进行必要的评价，灵活运用于采用 OIL 比对的防护行动等活动中。国家有必要以通俗易懂的方式，快速公布收集和共享的所有应急监测结果。

关于中期响应阶段或恢复阶段的监测方面，原子力监管委员会将进一步研究，必要时纳入本书。

4.4 应急时向居民提供信息

在应急情况下，国家、地方政府应利用各类媒体和其他可用手段，及时向居民提供准确且通俗易懂的信息。应该定期、反复地向居民传达以下内容：

① 发生异常状态的设施名称、发生时间以及异常状态的详细信息；

② 空间辐射剂量率的测量值及预测值；

③ 各区域或居民点的居民应该采取的行动。

国家或地方政府在发布信息时，有必要积极寻求新闻机构给予在信息发布方面的合作。在提供这些信息时，需要充分考虑特殊人群以及临时滞留人员的情况。发布的信息应在相关机构之间共享，以避免不一致。

4.5 防护行动和其他必要措施

核设施周围出现放射性物质异常释放或可能释放的风险时，需要采取以下防护行动。

4.5.1 撤离和临时避迁

撤离和临时避迁是指，可能受到超过一定剂量的辐射照射的所有居民应采取的防护行动，通过远离放射性物质或放射源以降低受照剂量。其中，撤离是为快速离开空间辐射剂量率较高或有可能高的区域而实施的紧急防护行动，临时避迁是为减少日常生活中不必要的辐射照射，一段时间内离开该区域的一种防护行动，其空间辐射剂量率没有撤离情况那么高。

撤离和临时避迁具体措施，应结合应急计划区，按以下方式进行。

① PAZ 内，原则上，场区应急状态下对在该状态下需要撤离的人员进行快速撤离，总体应急状态下立即进行全员撤离。

② UPZ 内，根据核设施状况可进行分阶段撤离。首先开展应急监测，以数小时为限，识别超出 OIL1 的区域，实施撤离，此后持续开展应急监测，以 1 日为限确定超过 OIL2 的区域并对其实施临时避迁。

③ UPZ 外，当放射性物质释放结束后，对超出 OIL1 和 OIL2 的地区采取与 UPZ 内同样的撤离和临时避迁等防护行动。

对于实施上述撤离及临时避迁等防护行动，原子力监管委员会根据核设施状况以及监测结果来判断其必要性，同时国家核事故应急总指挥部在充分考虑运输工具、撤离路线、安置场所的保障等因素，通过地方政府向居民下达恰当、明确的指令，以免发生混乱。为此，需要制定含各种运输工具、撤离路线等信息的撤离计划。

撤离可能对身体和精神产生双重影响，对于普通居民，特别是难以自行撤离且需要照顾的人，应考虑早期阶段的应急处理和必要的津贴补偿。特别是，对场区应急状态下对应要撤离的人员，如果判断其直接撤离到 UPZ 外的安置场所可能会增加健康风险，那么直到做好安全撤离准备之前，需要选取就近、辐射屏蔽效果和气密性良好的建筑物，实施临时隐蔽。值得注意的是，场区应急状态下需对应撤离的人群在撤离时，要考虑有志愿者陪同。考虑到安置场所可能需要搬迁的情况，需提前对安置场所进行协调，尽可能减少搬迁。对于可以作为临时安置场所的医院、疗养院、学校、公共场所，有必要采取提高气密性等辐射防护措施，为延迟撤离的居民和因病身处医院、疗养院而难以撤离的居民等提供临时的室内隐蔽场所。

4.5.2　室内隐蔽

室内隐蔽是居民相对容易采取的措施，通过抑制放射性物质吸入和屏蔽中子与 γ 射线照射的一种防护行动。室内隐蔽是在国家发布撤离指令时为降低辐射风险的措施，或是在实施撤离或临时避迁等防护行动较为困难的情况下，根据国家和地方政府指令采取的行动。特别是在医院和疗养院，可能需要优先考虑室内隐蔽，这种情况下，将室内人员隐蔽到屏蔽效果和气密性相对较好的混凝土建筑内通常是有效的。

室内隐蔽具体措施，应结合应急计划区的设置，采取以下措施。

① PAZ 内，原则上达到场区应急状态时对场区应急状态下需要撤离的人群进行撤离。达到总体应急状态时全员撤离。但当室内隐蔽与撤离相比更优时，有必要采取隐蔽措施。

② UPZ 内，直到实施分阶段撤离和采取基于 OIL 的防护行动前，原则上应采取室内隐蔽措施。

③ UPZ 外，同 UPZ 内，根据事态进展进行室内隐蔽。因此，进入总

体应急状态时，必须向居民发出警告，告知居民采取室内隐蔽措施。

执行隐蔽时，如果放射性烟羽长时间或间歇性释放，这一过程可能会持续很长时间，那么隐蔽场所的屏蔽性会因室外大气的流入失效，同时也会带来日常生活的困难，这时必须执行撤离。特别是当应该撤离的区域不得已进行室内隐蔽时，要向其提供医疗物资支援并关注其辐射防护问题，持续向其提供必要的信息。

在制定地方防灾计划（原子力灾害对策篇）时，平时就要向居民提供信息，包括满足气密性条件的建筑物的准备情况，切换到撤离行动时安置场所的地址和路线的保障情况等。

4.5.3 稳定碘剂的发放与服用

为防止放射性碘对甲状腺造成的内照射影响，原则上由原子力监管委员会判断服碘的必要性，并在核事故应急总指挥部或地方政府的指令下进行服用。原子力监管委员会的判断和核事故应急总指挥部的指令，应迅速传达给储备稳定碘剂的地方政府。

服用稳定碘剂应注意以下几点：

① 稳定碘剂的功效仅限于预防或减少放射性碘对甲状腺的内照射，对放射性碘以外的放射性核素没有作用；

② 不要过度依赖服用稳定碘剂的效果，要与撤离、避迁、隐蔽、摄入控制等防护行动相结合。还要做好误食、丢失等的应对措施；

③ 为确保服用稳定碘剂的良好效果，应了解服用时机的重要性，做好服用时机的决策和指令下达；

④ 孕妇、哺乳期妇女以及未成年人（含婴幼儿）是优先服用稳定碘剂的目标人群；

⑤ 根据稳定碘剂成分表，急性过敏等副作用的出现可能性很低，但是也要针对这种副作用建立一个应对机制；

⑥ 因单次服用导致甲状腺激素分泌异常而产生中长期健康影响的可

能性极低，但是新生儿服用后需要持续观察是否会出现甲状腺功能低下的症状；

⑦ 地方政府在下达服用指令后，为能够让优先服用药物的目标人群和其监护人毫不犹豫地服用，应在平时告知居民，因不服用药物而导致甲状腺内照射风险远大于服用药物的副作用风险。

稳定碘剂的发放和服用应结合应急计划区的设置，按以下方式进行。

① PAZ 内，进入总体应急后，核事故应急总指挥部或地方政府直接下达撤离与服碘的指令，原则上应按照指令进行服用。然而，对于场区应急状态下需要撤离的人群，没有必要服用稳定碘剂，优先考虑撤离。

② PAZ 外，进入总体应急后，原子力监管委员会要根据核设施工况和空间辐射剂量率判断是否需要在撤离或临时避迁的同时发放和服用稳定碘剂，并通过核事故应急总指挥部或地方政府下达指令。

4.5.4　核事故医疗

核事故期间，对可能受到污染或照射的伤员，在预先建立的核灾害医疗体系基础上，要顺利实施早期响应阶段的医疗处理。

原子力监管委员会汇总应急监测结果、辐射剂量等信息，通过核事故应急总指挥部传达至核事故医疗协调员。

核事故医疗协调员根据患者的污染情况和辐射剂量估算结果，适时和迅速给出医疗机构、消防机构等运输部门需要的运送地点。届时，启动急救医疗体系，向医疗机构下达接收伤员的指令，并确认接收情况。同时对于重伤人员，要运送到定点医院。

核事故医疗协调员，根据实际情况，可以向其他道、府、县提出核事故医疗队支援申请，并将支援队分配到当地道、府、县内的定点医院。在放射性碘可能或已经释放的情况下，核事故医疗协调员原则上按照国家的指令，及时下达服用稳定碘剂的指令。

当地道、府、县根据国家的指令，开展撤离清退检查、去污和甲状腺剂量筛查等工作。

4.5.5 撤离清退检查和简单去污

通过撤离清退检查掌握污染程度，对于抑制因表面污染摄入产生的内照射、降低皮肤照射、适当防止污染扩散、顺利实施居民撤离和临时避迁（不包括放射性物质释放前的预防性撤离）等至关重要。为了顺利开展医疗救治，也必须进行撤离清退检查。

当地道、府、县，对基于 OIL 采取撤离或临时避迁的防护行动的居民（不包括放射性物质释放前开展预防性撤离的居民）开展撤离清退检查，如果超出去污基准值需要进行简单去污。

撤离清退检查和简单去污的地点应尽可能选在本底较低、不妨碍居民实施撤离和临时避迁的场所。具体来说，选择在应急计划区边界到安置场所之间的路上或是附近的场所较为合适。

需注意的是，撤离清退检查和简单去污不要影响撤离和临时避迁的速度。

应充分考虑因撤离清退检查和简单去污造成健康风险增加的居民，防止其身体情况恶化。

（1）检查方法

对使用私家车、公交车等车辆进行撤离的人员，应首先对车辆进行检查，当车辆和行李的监测结果超过去污基准值（物品去污基准值①），对乘车代表人（采取相同撤离行动的人员之一）进行检查。当该乘车代表人的结果监测超过 OIL4 时，对车内全员进行检查。

同样地，对于人员携带的随身物品，只有当人员的监测结果超过 OIL4 时才对随身物品进行检查。

---

① 物品去污基准值是 40 000 cpm（β 射线）。这个数值是日本广泛使用的入射窗面积为 20 cm^2 的 β 射线探测器在距离物品表面数厘米处测量时的计数率，相当于表面污染密度每平方厘米约 120 Bq。当使用其他探测器测量的时候，应根据这个表面污染密度来确定计数率，同时考虑入射窗面积和探测效率。

（2）简单去污方法

对检测结果超出 OIL4 的居民、超出物品去污基准值的车辆以及携带物品进行简单去污。

尽管是简单去污，也要让超出 OIL4 的居民到可以进行去污的定点医院进行去污和采取必要的措施。经简单去污后仍然超出去污基准值的车辆以及携带物品要在检查所临时保管。

4.5.6　甲状腺剂量筛查

开展甲状腺剂量筛查是定量地掌握因吸入导致甲状腺中放射性碘的积累程度，并估算受照剂量。

道、府、县在合作机构、核设施营运单位、高级辐射医疗支援中心的支持下，开展甲状腺剂量监测工作。

（1）筛查对象

筛查对象是基于 OIL 而采取撤离或临时避迁的居民（不包括放射性物质释放前采取预防性撤离的居民），其中，以未满 19 岁人员、孕妇和哺乳期妇女为基础人群。对于婴幼儿，如果难以测量，则通过对监护人的筛查来推测婴幼儿的甲状腺剂量。

应根据核事故状态对筛查目标区域进行重新评估，灵活选取筛查对象。

（2）筛查场所

简易的筛查工作地点尽量选择本底水平较低的场所，也要考虑撤离和临时避迁人员的便利性，选择安置场所或其附近的适合场所。对于详细的筛查，可选择具备甲状腺探测器和全身计数器的定点医院或高级辐射医疗支援中心。

（3）筛查方法和筛查期

首先要对（1）中的对象进行简易筛查，对于超出筛查水平[①]的人员进

① 筛查水平为 0.2 μSv/h。该值基于广泛用于测量环境剂量当量率的 NaI（Tl）探测器。国家可以根据核事故的进展适当修订该筛查水平值。

行详细筛查。应从保护个人隐私角度对这些筛查结果进行妥善保管。

① 简易筛查

简易筛查是用 NaI（Tl）探测器来进行的。简易筛查期为摄入开始的 3 周内，超出这个时间，要进行详细筛查。

② 详细筛查

对于超出筛查水平的人，利用甲状腺探测器进行详细筛查。详细筛查期为摄入开始的 4 周，超出这个时间，要用全身计数器进行筛查，通过放射性核素组成来推算放射性碘的剂量水平。

目前，日本国立研究开发法人已研发出便携式甲状腺监测仪，下一步将进入产品化和推广阶段。后续将在该甲状腺监测仪投入使用后研究甲状腺剂量筛查体系，纳入本书。

4.5.7 食品与饮用水摄入限制

食品与饮用水的摄入限制是指，当饮用水和食品中的放射性核素浓度超过规定水平时，为了减少食入引起的内照射，避免食入该饮用水和食品的一种防护行动。在实施饮用水和食品食入限制措施时，根据需要从限制区域外提供替代的饮用水和食品。

具体的饮用水和食品食入限制措施，根据环境辐射监测结果按照以下步骤进行。

① 环境辐射剂量率超过 OIL2 的特定区域内，采取临时避迁的同时限制当地产物的食入。已得到饮食中放射性核素浓度测定结果时，根据 OIL6 来判断哪些饮食需限制食入。

② 对环境辐射剂量率超过饮食相关的 OIL 设定值的区域，进行饮用水和食品的放射性核素浓度的检测活动。检测结果超过 OIL6 时采取对饮用水和食品限制食入的控制措施。

对于核燃料设施，因事故特性，主要为 α 核素释放，因此基于空间辐射剂量率的饮用水和食品的筛选标准难以适用。这种情况下，要在 UPZ 全范围内进行饮用水和食品中的放射性核素浓度测量，根据测量结果持续采取饮用水和食品食入限制措施。

在实施上述饮用水和食品食入限制措施时，日本原子力监管委员会收集应急监测结果等信息，应首先通过核事故应急总指挥部向地方政府传达应该进行饮用水和食品中放射性核素浓度测量区域的指令，然后根据这些区域的测量结果向地方政府报告限制食入的具体内容，地方政府再向居民进行传达。

4.5.8　应急响应人员的防护行动

应急响应人员所属单位应根据法律规定的照射限值或预先确定的辐射防护目标，尽量减少可能在辐照环境下开展应急响应人员的辐照剂量。

在应急计划区内的室外，可能受到辐射的应急响应人员，应根据事态进展，在核事故应急总指挥部的指令下，携带和佩戴防护装备，服用稳定碘剂，并根据辐射防护目标，按照所属组织或者要求实施应急响应的组织的判断进行行动。

应急响应人员所属的组织，应做好辐射环境下从事应急响应人员的辐射剂量管理，应急响应结束后，应对其进行健康管理，如安排相关人员接受医生健康检查等。

向组织申请实施应急响应的民营企业，组织应为该民营企业的辐射剂量管理和健康管理提供必要的支持。

4.5.9　各种防护行动的解除

解除各种防护行动的基本条件宜设定为低于实施措施时的标准，或根据解除措施时的情况制定新的标准。

解除各种防护行动时，必须与相关地方政府进行协商，并进行慎重的判断，因为即便放射性物质停止释放，受影响的地区依然可能存在着放射性污染，污染物也可能移动到未受污染区域。因此，必要时还要采取新的防护行动，如恰当管理和去污等。

4.6 核燃料运输应急响应

除了核设施，核燃料运输也可能发生核事故，并进行应急响应。核燃料运输发生或可能发生核事故时，依据《规制法》，核设施营运单位及受核设施营运单位委托运输的单位应在其职责范围内迅速向国家相关部门进行通报和报告，同时采取灭火、防止火灾蔓延、通知消防人员、设置禁入区、警示疏散、防止污染扩散和去污、屏蔽辐射、抢救可能遭受辐射损害的人员等应急措施，并提供撤离支持。国家受理事故报告后，启动相关机制进行信息收集，协调外部支援机构进行现场的放射性监测、伤病处置，联络协调各相关机构并做好信息发布等工作。

第5章

核事故中长期响应

采取措施，以控制或缓解事故发展，减轻事故造成的后果，保护公众，保护环境。

5.1　核事故中长期响应基本原则

发生核事故，即使情况得到一定程度的控制，也有必要对已经释放到环境中的放射性物质采取适当的措施。因此，要在相关组织之间就以下中长期政策进行充分对话，并积极推进。

5.2　灾后恢复的环境监测

为灾后恢复作出以下决策，国家和地方政府必须通过环境辐射监测持续监测辐射剂量水平和放射性物质浓度随时间的变化。

① 变更撤离区域；

② 开展受照剂量管理，制订降低辐射照射的方案；

③ 估算现阶段及未来的受照剂量（个人剂量估算）。

为有效地进行中长期环境辐射监测，需建立一个收集、存储和利用数据的综合系统，以便充分发挥相关机构的能力。

5.3　灾后恢复的个人剂量估算

中长期污染情况下，国家和地方政府应根据环境辐射监测数据，估算个人实际的受照剂量，并基于估算结果，采取适当的防护行动和去污措施。

由于个人受照剂量受个体活动轨迹的影响，因此，需要通过活动轨迹调查与环境辐射监测结果进行对比来估算个人所受剂量。同时，还要通过测量得到实测值。通过合理地应用这些值，可能会得到更精确的估算个人的受照剂量。

5.4 灾后健康评估

在核事故中，除了辐射直接影响到人体健康外，由于被迫长时间的撤离或室内隐蔽，且集体生活与平常生活的环境存在差异，人们的身心都会受到一些不良影响。因此，国家、地方政府必须进行长期的健康评估，以了解与辐射照射相关的疾病以及包括心理健康在内的健康状况。通过健康评估，可以降低健康压力，缓解居民对未来潜在健康危险的担忧。

5.5 去污措施

为了使受到放射性物质影响的区域居民能够恢复正常生活，国家和地方政府需要采取必要的去污措施。应兼顾到社会因素制定行之有效的去污方案。

居民参与去污活动时，国家和地方政府应向他们提供必要的信息和资料、指导和培训、专业顾问等支持和帮助。

对于从事去污工作人员的职业照射限值，应基于相关法规进行适当的照射剂量控制管理。

5.6 从应急照射情况向现存照射情况和计划照射情况过渡原则

当核设施的放射性物质释放得到稳定控制，并且残留放射性物质的照射可以控制在规定水平以下时，处于应急状态的地区将进入现存照射情况。

一方面，即使事态得到一定程度的控制，仍然可能存在同时处于应急照射情况和现存照射情况的地区；另一方面，由于从应急照射情况到现存照射情况的转变是解除隐蔽等防护行动的一个重要判断因素，因此在判断是否处于现存照射情况时，应慎重考虑两方面情况的研判。

尤其是，对于现存照射情况来说，力求尽量向计划照射情况过渡。

原子力监管委员会将在未来讨论这三种照射情况的处理方法，并在本指南中予以说明。

第 6 章

东京电力公司福岛第一核电站核事故应急响应

充分分析经验反馈，保持安全警钟长鸣。

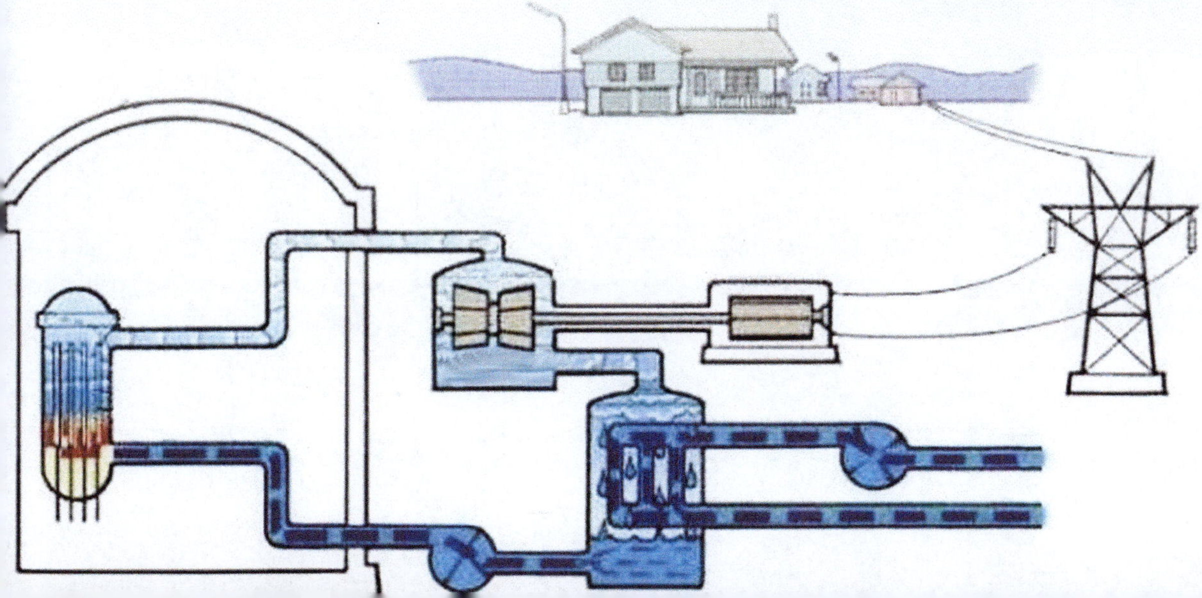

2012 年 11 月 7 日，根据《规制法》第 64-2 条第 1 项规定，东京电力公司福岛第一核电站内的反应堆设施，被定义为特定核设施。同日，原子力监管委员会根据同条第 2 项规定，向东京电力公司提出以场内核设施风险降低和最优化为目标，充分考虑场内外安全目标“应尽措施事项”，要求按照同项规定提出“实施计划”。之后，日本原子力监管委员会批准了东京电力公司提出的实施计划，给出“实现了降低全部核设施风险的目标”的评价，并确认厂区边界以及边界外广泛的区域内辐射剂量率明显小于事故期间。

该特定核设施的现状是，与其他发电反应堆不同，其包含的放射性物质以显著异常水平释放到场外，无法想象这种新的状态发生是无法想象的，即使假设该特定核设施发生放射性物质异常释放，其对居民造成的辐射危害也远小于其他发电反应堆发生核事故的情况。因此，本书中第 3 章“核事故应急准备”和第 4 章“核事故应急响应”中发电反应堆相关的核事故响应不全适用该特定核设施。因此，该特定核设施的核事故响应，应基于一般发电反应堆核事故响应的基本框架，按照以下内容进行适当调整。

6.1　应急状态分级以及相应的防护行动

东京电力公司福岛第一核电站周围部分区域目前为止仍设置撤离指示牌，在这些区域（撤离指示区），曾经居住在此的居民可以临时进入。对于已经解除撤离指示的区域，居民已经返回并重新开始生活。当出现新的应急状态时，根据现状再采取适当的防护行动。

当特定核设施发生需要对周围居民采取防护行动的新的应急状态时，与其他核设施一样，要根据特定核设施的状态进行应急状态的判断，对于放射性物质释放前的早期响应，也要根据事态的进展开展预防性防护行动。

因此，在放射性物质释放前的早期响应阶段，应急状态划分为三级，警戒状态、场区应急状态和总体应急状态。根据该特定核设施的核事故应急计划区的划分采取相应的防护行动，具体如下。

① 警戒状态。禁止临时进入撤离指示区，并准备撤离已经进入撤离指示区内的居民。

② 场区应急状态。对已经进入撤离指示区内的居民进行劝退，不在撤离指示区的民众准备室内隐蔽。

③ 总体应急状态。不在撤离指示区的居民进行室内隐蔽。

应根据以上应急状态的划分采取相应的预防行动，对于情况恶化、导致该特定核设施释放放射性物质的情况，与其他核设施一样，根据该特定核设施的状况和环境应急监测结果，由国家核事故应急总指挥部作出是否开展防护行动的判断。

6.2 应急状态划分准则

东京电力公司福岛第一核电站周围地区需要实施防护行动或需要做好相关准备的新的应急状态判断准则是，基于 EAL 的框架，根据该核电站现状，按照如下准则进行判断。

6.2.1 东京电力公司福岛第一核电站内所有反应堆设施的准则

放射性剂量监测相关通报准则中规定，厂区边界附近的规定基准是“天然本底/h（3 个月的平均值）+5 μSv/h”。

6.2.2 东京电力公司福岛第一核电站内 1 号、2 号、3 号、4 号反应堆设施的准则

本书表 3-4 中的“（f）东京电力公司福岛第一核电站中的 1 号、2 号、3 号、4 号有关的核反应堆运行设施（除乏燃料水池内没有乏燃料的情况外）”或是“表 3-4（i）反应堆运行相关设施（除表 3-4（a）～（h）中所描述以

外的设施）”适用。

6.2.3　东京电力公司福岛第一核电站内 5 号、6 号反应堆设施的准则

根据反应堆的状况，本书表 3-4 中：

表 3-4（a）沸水堆（只限于发电反应堆，东京电力公司福岛第一核电站中除了 1 号、2 号、3 号、4 号机组外）运行设施（不符合《规制法》第 43-3 条和第 43-6 条第 1 项、第 4 项准则或除反应堆内不存在乏燃料组件的情况外）。

表 3-4（e）发电反应堆（除福岛第一核电站的 1 号、2 号、3 号、4 号反应堆外）有关的核反应堆运行设施（只限于不符合《规制法》第 43-3 条和第 43-6 条第 1 项、第 4 项准则的设施），除日本原子力监管委员会许可乏燃料水池中的乏燃料已经得到充分冷却的装置，或乏燃料水池中不存在乏燃料的装置除外。

表 3-4（g）乏燃料组件仅存于乏燃料水池内的反应堆相关的反应堆运行设施等（即使是发电反应堆也要仅限于符合《规制法》第 43-3 条和第 43-6 条第 1 项、第 4 项准则的设施），除研究反应堆和原子力监管委员会许可的已经充分冷却的乏燃料组件的设施外。

或是表 3-4（i）反应堆运行相关设施（除表 3-4（a）～（h）中所描述以外的设施）适用。

6.3　核事故应急计划区

特定核设施的核事故应急计划区的设定范围与其他核设施一样，具体区域由地方政府结合该区域的地理和社会信息等情况在该区域的地方防灾计划中进行描述。在发生新的应急状态后，当放射性物质开始释放前，在

核事故应急计划区内就要根据应急状态的划分进行预防行动。

当该设施发生放射性物质的释放即使是合理并可以假想的情况，也不会对居民产生严重的确定性效应，因此没有必要设置像发电反应堆 PAZ 那样的区域。

6.4 应急监测

国家相关部门、地方政府、核设施营运单位根据核事故应急总指挥部下设的监测协调会中决策的“综合监测计划”，要合作开展更广泛的应急监测，现场完善详细的应急监测体系。当进入新的应急状态后，基于该计划灵活运用监测体系开展应急监测。

6.5 核事故应急准备

根据该核设施的现状制定合理的应急准备，以应对新的应急状态，相关地方政府需要注意以下要点，同时按照 4.5.1 所述实施预防行动，要结合当地实情有序开展必要的准备。

要结合现状对该特定核设施发生放射性物质释放的情况进行适当假设，在核事故应急准备期间，基于 4.5.1，要充分做好放射性物质释放前的预防行动准备。